河南省开展信息进村入户工程
整省推进示范信息员培训教材

益农社政策指南与案例介绍

U0235919

农业追溯云　追溯新生活

打造绿色安全食品追溯链

从农田到餐桌，全程可追溯，每一口都安心。

河 南 省 农 业 厅
河南腾跃科技有限公司　　编著

 黄河水利出版社

图书在版编目（CIP）数据

河南省开展信息进村入户工程整省推进示范信息员培训教材：全四册 / 河南省农业厅，河南腾跃科技有限公司编著. —郑州：黄河水利出版社，2018.4

ISBN 978‑7‑5509‑2023‑1

Ⅰ. ①河… Ⅱ. ①河… ②河… Ⅲ. ①信息技术‑应用‑农业‑技术培训‑教材 Ⅳ. ①S126

中国版本图书馆 CIP 数据核字（2018）第 075340 号

组稿编辑：简群 电话：0371-66026749 E-mail：931945687@qq.com

出 版 社：黄河水利出版社

地址：河南省郑州市顺河路黄委会综合楼 14 层 邮政编码：450003

发行单位：黄河水利出版社

发行部电话：0371-66026940、66020550、66028024、66022620（传真）

E-mail：hhslcbs@126.com

承印单位：河南美图印刷有限公司

开 本：890 毫米×1 240 毫米 1/16

印 张：32

字 数：538 千字 印数：1—50 000

版 次：2018 年 4 月第 1 版 印次：2018 年 4 月第 1 次印刷

定 价（全四册）：55.00 元

《河南省开展信息进村入户工程整省推进示范信息员培训教材》编写委员会

编写人员： 李道亮　郑国清　马新明　杨玉璞

薛　红　王志勇　陶宜旭　黄　蕤

安鹏飞　刘　威　张　军　魏　萍

李　兵　王志远　司梦实　高　克

霍　威　刘志华　侯朝濮　赵金甲

李国强　闫晓荣　赵　瑾　宁东海

高　丽　王俊阳　耿　岩　牛圆春

高　飞

内 容 提 要

本套培训教材主要作为河南省信息进村入户工程益农信息社信息员培训教材使用，共包含 4 本，分别是《益农社政策指南与案例介绍》《益农社信息员服务操作手册》《益农社农民手机应用指南》《互联网＋农村服务新体系建设与运营》。主要内容如下：

（1）《益农社政策指南与案例介绍》：①介绍国家、部委、省、市下发的益农社（信息进村入户）有关政策性指导文件等；②介绍益农信息社标准站、专业站、简易站建设运行案例。

（2）《益农社信息员服务操作手册》：①介绍益农社信息员的定义及概述；②介绍益农社的"四大服务"；③介绍益农社信息员使用平台栏目开展的"四大服务"操作步骤等。

（3）《益农社农民手机应用指南》：①介绍信息进村入户工程手机版"四大服务"功能及其操作；②介绍手机常用的金融支付方式；③介绍益农信息社信息员防诈骗手段等。

（4）《互联网＋农村服务新体系建设与运营》：①介绍农村服务新体系；②介绍益农社信息员开展的"买、卖、推、缴、代、取"六大业务；③介绍河南省农产品质量安全生产追溯等。

前　言

近年来，我国农业农村形势稳中向好，为经济社会发展全局提供了基础支撑。

但同时，当前我国最大的发展不平衡仍是城乡发展不平衡，最大的发展不充分仍是农村发展不充分。农业发展质量效益和竞争力不高，农民增收后劲不足，农村自我发展能力较弱，城乡差距依然较大。城乡二元结构是制约我国农村发展的重要因素。彻底打破城乡二元结构，需要坚持不懈地深化改革、统筹发展。

党的十九大提出实施乡村振兴战略，广袤农村由此迎来历史性的重大发展机遇。调结构、增绿色、提效益，贫困村齐心协力摘穷帽。农业和农村改革发展的热潮不断涌动。

党的十九大报告指出，建立健全城乡融合发展体制机制和政策体系。对此，农业部部长韩长赋认为，贯彻农业农村优先发展指导思想，要进一步调整理顺工农城乡关系。"在要素配置上优先满足，在资源条件上优先保障，在公共服务上优先安排，加快农业农村经济发展，加快补齐农村公共服务、基础设施和信息流通等方面短板，显著缩小城乡差距。""努力让农业成为有奔头的产业，让农民成为有吸引力的职业，让农村成为安居乐业的美丽家园。"

农业部农村经济研究中心主任宋洪远说，科学实施乡村振兴战略要有清晰的思路和措施，关键在于土地政策、产权制度、经营体系和政策体系这四个方面，要按照融合发展的角度完善体制机制。

国家发改委召开的 2018 年度工作会议已确定，落实乡村振兴战略重大举措，科学制订国家乡村振兴战略规划，构建现代农业产业体系、生产体系、经营体系，确保国家粮食安全，建设美丽宜居乡村。这将是 2018 年我国农业农村发展改革的主要任务和重点工作。

中央经济工作会议确定，农业政策从增产导向转向提质导向，这也是近年来我国深入推进农业供给侧结构性改革的政策取向。其中，调整农业结构，促进农村一、二、三产业融合发展，把增加绿色优质农产品放在突出位置，是改革的重中之重。

农业农村的发展是一个长期的过程。需要农村不断创新发展理念和举措，需要政府多角度、持续的引导和服务，更需要社会力量不断注入。更可喜的是，近年来，互联网尤其是移动互联网的广泛应用正在大大加速改革发展进程，农业物联网、农村电子商务与农村互联网金融等的兴起与注入，让古老而传统的乡村与乡民迅速进入了信息化的新时代，为有效破除城乡二元结构、推动农村经济社会发展带来新的希望和契机。同时，农民、政府、社会等多方合力，把握好互联网＋的机遇，对于深入推进农业农村服务方式转变，增进农民的福祉具有非凡意义。

本套培训教材由河南省农业厅及河南腾跃科技有限公司联合编著，旨在为广大涉农单位、农民、农企提供信息进村入户工程各项服务指南，方便各主体了解信息进村入户服务体系整体规划和服务内容，以及运营模式，加强相互理解和配合，为实现乡村振兴战略奠定基础。

目 录

第一章 信息进村入户政策性指导文件 1

第一节 农业部信息进村入户政策性指导文件 1

一、农业部关于开展信息进村入户试点工作的通知 1

二、农业信息服务云平台建设运维标准（试行） 9

三、农业部办公厅关于印发《信息进村入户试点工作指南》
的通知 13

四、农业部办公厅关于印发《2015 年信息进村入户试点工作
安排》的通知 26

五、农业部办公厅关于公布第二批全国信息进村入户试点县
名单的通知 33

六、农业部办公厅关于成立农业部信息进村入户工作推进组
的通知 40

七、农业部办公厅关于印发信息进村入户工作规范的通知 45

八、农业部关于全面推进信息进村入户工程的实施意见 55

九、农业部办公厅关于开展信息进村入户工程整省推进示范
的通知 60

第二节 农业部领导关于信息进村入户工作的讲话 64

一、陈晓华副部长在全国信息进村入户试点工作推进会上的
讲话 64

二、余欣荣副部长在全国信息进村入户工程推进工作视频会
议上的讲话 77

第三节　河南省信息进村入户政策性指导文件　　　86

　　一、河南省人民政府办公厅关于印发河南省开展信息进村入户
　　　　工程整省推进示范加快"互联网＋"现代农业发展实施方
　　　　案的通知　　　86

　　二、河南省农业厅关于印发《2015 年河南信息进村入户试点
　　　　工作实施方案》的通知　　　102

第二章　信息进村入户案例介绍　　　109

　第一节　益农信息社简介　　　109

　　一、起源背景　　　109

　　二、建设意义　　　109

　　三、益农信息社定义　　　111

　第二节　益农信息社服务内容　　　111

　　一、四大服务　　　111

　　二、六大业务　　　119

　第三节　益农信息社建设要求　　　120

　　一、建设原则　　　120

　　二、建设标准　　　121

　　三、建设类型　　　121

　第四节　运营监督　　　123

　　一、启动模式　　　123

　　二、运营管理　　　124

　　三、服务监督　　　126

　第五节　益农信息社运营案例介绍　　　127

　　一、标准站　　　127

　　二、专业站　　　130

　　三、简易站　　　133

第一章　信息进村入户政策性指导文件

第一节　农业部信息进村入户政策性指导文件

一、农业部关于开展信息进村入户试点工作的通知

农业部关于开展信息进村入户试点工作的通知

农市发〔2014〕2号

各省、自治区、直辖市农业（农牧、农村经济）厅（局、委、办）：

为贯彻落实党的十八届三中全会精神和2014年中央一号文件、《国务院关于促进信息消费扩大内需的若干意见》《国务院关于大力推进信息化发展和切实保障信息安全的若干意见》有关要求，加快完善农业信息服务体系，切实满足农民群众和新型农业经营主体信息需求，农业部决定在部分省市开展信息进村入户试点工作。现就有关事项通知如下。

一、**充分认识开展信息进村入户试点工作的重要意义**。当前，我国已进入工业化、信息化、城镇化和农业现代化同步推进的新时期，信息化已经成为衡量现代化水平的重要标志。没有信息化就没有农业现代化，没有农村信息化就没有全国的信息化。加快推进农业信息化建设，用信息流引领技术流、资金流、人才流向农业农村汇集，让农业农村经济搭上信息化快车，对于加快农业现代化建设、促进城乡一体化发展、全面建成小康社会具有重要意义。大力推进信息进村入户，用现代信息技术武装农民，是提高农民整体素质、激发农业农村经济发展活力的重要手段；大力推进信息进村入户，用现代信息技术建设农村，是让农民平等参与现代化进程、共同分享现代化成果的现实途径；大力推进信息进村入户，用现代信息技术服务农业，是推动农业转型升级、提升农业现代化水平的重大举措。试点省市要充分认识信息进村入户的重要性，把这项工作摆上重要议事日

程，加强政策扶持和工作指导，确保试点工作顺利推进、取得实效。

二、**明确试点工作的思路和目标**。总体思路是：顺应农民对信息新需求、信息化与农业现代化深度融合新态势，以"统筹规划、试点先行，需求导向、社会共建，政府扶持、市场运作，立足现有、完善发展"为原则，以12316服务基础为依托，以村级信息服务能力建设为着力点，以满足农民生产生活信息需求为落脚点，切实提高农民信息获取能力、增收致富能力、社会参与能力和自我发展能力。试点目标是探索信息进村入户的有效办法，促使农业信息服务体系进一步健全，农业信息服务"最后一公里"问题初步解决，农村社区公共服务资源接入水平明显提高，农业生产经营、技术推广、政策法规、村务管理、生活服务、权益保障及个人发展等各类信息需求基本得到满足，普通农户不出村、新型农业经营主体不出户就可享受到便捷、经济、高效的生产生活信息服务，农业农村信息化可持续发展机制创新取得明显成效。

三、**完善农业信息服务体系**。试点省市要加强村级信息服务站建设，按照有场所、有人员、有设备、有宽带、有网页、有持续运营能力的"六有"标准，充分利用现有设施和条件，重点在村委会、农村党员远程教育点、新型农业经营主体、各类农村商超及服务代办点中建设或认定。要加强村级信息员培育，重点在村组干部、大学生村官、农村经纪人、合作社带头人、农村商超店主中，按照有文化、懂信息、能服务、会经营的标准选聘，利用农村实用人才、新型职业农民培训等现有培训项目资源，加大培训力度，提高信息员服务能力和水平。加快建设技术同构、数据集中、业务协同、资源共享的全国农业信息服务云平台，逐步整合现有各类农业信息服务系统。积极推动12316服务标准化改造，加大涉农部门信息资源和服务资源整合力度，加快12316与基层农业服务体系融合，为农技推广、农产品质量安全监管、农机作业调度、动植物疫病防控、测土配方施肥、农村"三资"管理、政策法律咨询等业务体系提供服务农民的信息通道、沟通手段和管理平台。

四、**创新信息资源共享机制**。试点省市要通过行政、技术、市场等手段，创新涉农信息资源融合共享机制，探索农村社区公共服务资源接入方式。重视完善农户、新型农业经营主体、农村集体资产、农业自然资源、农业科技知识等基础信息数据库。充分利用村级站监测和采集农情、疫情、灾情、行情、社情，运用大数据技术深度挖掘分析，为政府决策、农户经营、市场引导提供信息支撑。加强信息安全防护能力建设，严格落实信息系统安全等级保护制度，切实保障国家信息安全。

五、形成合力推进的工作格局。农业部负责制订总体实施方案，统筹协调各方资源，加强指导服务，强化监督检查，推动试点工作顺利开展。试点省市各级农业主管部门要积极争取党委政府的支持和有关部门的配合，制订具体方案并组织实施。充分发挥县级农业部门实施主体作用，强化村级组织的协调功能，重视农民体验并充分调动其参与积极性。引导社会力量积极参与信息进村入户工作，发挥电信运营商、平台电商、信息服务商等企业在技术、人才、资金和信息基础设施等方面的优势，支持科研机构、企业研发信息系统和终端产品。逐步建立全国统一规划、部省共建、省级统筹、县为主体、村为基础、社会参与、合作共赢的建管体制和市场化运行机制。

信息进村入户是一项重要、复杂和创新性强的工作，试点省市要将信息进村入户作为推进农业现代化和城乡一体化建设的重要任务，加强领导，科学组织，抓紧抓实，为下一步在全国推广积累经验、打牢基础。

附件：信息进村入户试点工作方案

农 业 部

2014 年 4 月 10 日

附件

信息进村入户试点工作方案

按照《农业部关于开展信息进村入户试点工作的通知》要求，为确保信息进村入户试点工作顺利推进，现制定如下方案。

一、指导思想

深入贯彻落实党的十八大、十八届三中全会和 2014 年中央一号文件精神，以"统筹规划、试点先行，需求导向、社会共建，政府扶持、市场运作，立足现有、完善发展"为原则，以 12316 服务基础为依托，以村级信息服务能力建设为着力点，以满足农民生产生活信息需求为落脚点，用现代信息技术武装农民、建设农村、服务农业，大力提升农民信息获取能力、致富增收能力、社会参与能力和自我发展能力，为加快推进农业现代化和城乡发展一体化提供支撑。

二、实现目标

促使农业信息服务体系进一步健全，农业信息服务"最后一公里"问题初步解决，农村社区公共服务资源接入水平明显提高，农业生产经营、技术推广、政策法规、村务管理、生活服务、权益保障及个人发展等各类信息需求基本得到满足，普通农户不出村、新型农业经营主体不出户就可享受到便捷、经济、高效的生产生活信息服务，农业农村信息化可持续发展机制创新取得明显成效。

三、重点任务

围绕信息进村入户目标，2014 年试点工作重点任务是，在北京、辽宁、吉林、黑龙江、江苏、浙江、福建、河南、湖南、甘肃等 10 个试点省市建成一批村级信息服务站，培育一批村级信息员，推动各类农业公益服务和公共服务资源接入村级站，并初步形成可持续运营机制；试点省市全面完成 12316 标准化改造，重点完成 12316 与农技推广体系融合；构建全国农业信息服务云平台，推进试点省市相应信息服务系统切换、并入和村级站的全面接入。

（一）建设村级信息服务站

村级信息服务站建设应优先选择全国农业农村信息化示范基地、国家现代农业示范区等基础较好的县（市、区），原则上每省市选择 2 个县整体推进，保证每个行政村不少于 1 个。

村级站要按照有场所、有人员、有设备、有宽带、有网页、有持续运营能力的"六有"标准，充分利用现有设施和条件，**重点在村委会、农村党员远程教育点、新型农业经营主体、各类农村商超及服务代办点中建设或认定**。站点应有专门用于信息服务的场地，配备计算机、专用电话、视频设备、打印机等硬件设备，具有互联网接入条件，网络宽带不低于 4M，能提供无线 Wi-Fi 环境。站点要使用统一标识。

每个村级站至少配备 1 名信息员。要**按照有文化、懂信息、能服务、会经营标准**，选择有初中以上文化，熟练使用计算机等办公设备和互联网，沟通能力强、服务态度好、有责任心的人员担任，可重点在村组干部、大学生村官、农村经纪人、合作社带头人、农村商超店主中选聘。

村级站要依托全国农业信息服务云平台开展服务，并要具备以下功能：提供 12316 语音电话咨询，提供农业生产经营、技术推广、政策法规、村务管理、权益保障及个人发展等各类信息服务；提供信息技术和产品体验，开展各类培训；开展便民服务、农产品营销、农资及生活用品代购、农村物流代办等经营服务；有条件的地方应开展村务公开、土地流转和相关涉农信息采集和发布。要建立健全站点、信息员动态管理考评机制。

（二）开展 12316 标准化改造

试点省市要在 12316 服务基础上，进一步强化资源整合、服务队伍组建，推进服务手段向移动终端延伸，服务方式向精准投放转变，全面推动信息服务体系与基层农业服务体系融合。

强化信息资源整合。制定全国统一的涉农信息资源目录体系与交换标准，推动建立部门内外信息资源整合机制；强化对普通农户、种养大户、家庭农（牧）场、农民合作社、农业产业化龙头企业、农技人员及专家等基础信息的采集并建立动态修正机制，逐步实现服务的精准投放。

强化服务队伍建设。建立以农技员和生产经营主体技术员为核心，省市县话务为保障，各类生产经营主体带头人为补充，区域性行业专家为支撑的信息服务团队。

全面整合涉农热线和投诉举报电话、服务网站、短彩信系统等各类服务资源，推动12316成为农业部门内部信息交流通道平台，成为农技推广、农产品质量安全监管、农机作业调度、动植物疫病防控、测土配方施肥、农村"三资"管理、政策法律咨询等农业领域以及社保、金融、电信等有关部门服务"三农"的手段。

试点省市要推动12316信息服务与农技推广、村务公开、土地流转、农产品质量安全监管等服务体系的融合。今年要与基层农技推广体系项目结合，重点推动12316信息服务与农技推广服务体系的融合，在乡镇农技站接入12316语音呼叫、视频和短彩信等系统，建立乡镇农技站与村级信息服务站的互助合作关系，畅通农技员与农民之间信息交流通道，提升农技推广体系服务能力和效率。全国农业信息服务云平台要为农技人员的动态管理和服务质量考核提供支撑。

（三）构建全国农业信息服务云平台

全国农业信息服务云平台的设计、建设由农业部统一负责。公共模块主要包括12316呼叫调度系统、短彩信系统、移动互联支撑系统、门户网站集群、村级站支撑系统、用户实名制管理系统、农技推广专用模块、农业农村人才管理服务模块及新型职业农民培育模块等。云平台将采用云计算、大数据等先进技术建设，兼顾利旧和新建，探索市场化建设和运维机制。试点省市要统一使用云平台资源，配合开展已有信息服务系统切换、接入和相关信息资源导入，并可在公共模块外开发特色服务系统。

（四）探索建立可持续运营机制

要充分引入市场化机制，推动电信运营商、生活服务商、平台电商、金融服务商、系统集成商、信息服务商等企业参与信息进村入户工作，发挥各类企业在技术、人才、资金和信息基础设施等方面的优势，以合资合作等方式参与村级站和云平台的建设与运营。利用站点实体网络优势，发展农业电子商务和农村物流，积极协调水电气、金融保险、票务、医疗挂号等基本公共服务资源接入，为农村信息员提供创业条件，增强站点自我造血、自我发展能力。**可探索以合作社方式实现站点的社会共建和市场运行。**

各地要充分调动科研院所、高等院校、农业生产经营及各类企业的积极性，鼓励开发基于移动互联的信息服务产品，提高信息服务的针对性和便捷性。

要充分调动地方和基层有关部门的积极性，充分发挥村级组织在站点建设、人员配备、日常管理等方面的组织协调作用；要重视农民体验并充分调动其参与积极性；要充分发挥乡镇农技员技术优势，为农民提供多种形式的技术咨询和培训。

四、进度安排

（一）准备阶段（2014 年 1—4 月）

农业部研究编写试点工作方案；编制云平台建设方案；研究市场化方案。试点省市开展村级各类服务设施状况、12316 服务基础、各类农业公益服务机构设置、市场化信息服务资源摸底等情况调查。

（二）实施阶段（2014 年 5—11 月）

农业部组织召开试点工作现场部署会；组织开展信息进村入户工作现场交流，督促工作进展；编制村级信息员培训方案和教材；组织开展云平台建设。试点省市制订具体实施方案，开展村级站建设和信息员遴选；开展信息员培训；开展 12316 标准化改造，完成乡镇农技站 12316 服务系统接入；确定村级站运营主体并建立运营机制，组织服务资源接入，制定站点服务项目清单；配合开展已有信息服务系统切换、接入云平台。

（三）总结阶段（2014 年 12 月）

全面总结试点工作，组织开展经验交流，修改完善实施方案；组织开展示范站评选。

五、保障措施

（一）加强组织领导

各级农业部门要将信息进村入户工作作为推进农业现代化和城乡一体化建设

的重点任务抓紧抓实。试点工作在农业部农业信息化领导小组统一领导下，市场与经济信息司会同人事劳动司、财务司、发展计划司、科技教育司共同推进，科技教育司要重点推进农技推广体系与信息服务体系的全面融合。试点省市要建立农业主管部门牵头、涉农部门共同配合的协调推进机制，依据本省市实际情况制订具体实施方案，逐级分解任务，明确责任和进度，切实抓好落实。要充分发挥县级农业部门实施主体和村"两委"组织协调作用。

（二）加大投入力度

要按照试点方案安排，积极争取有关部门支持，要充分整合利用不同渠道资金，已有信息化项目资金要向信息进村入户倾斜，保证信息进村入户工作有足够的引导资金。同时，调动社会力量参与信息进村入户工作，发挥电信运营商、平台电商、信息服务商和软硬件供应商等企业在技术、人才、资金和信息基础设施等方面的优势，以合资合作等方式参与村级站和云平台建设与运营，支持科研机构和企业研发信息系统和终端产品。

（三）强化信息员培训

农业部组织制订培训方案、编写培训教材，并充分利用农村实用人才和新型职业农民培训等项目资源组织开展村级信息员培训。试点省市要制定信息服务培训规划，加强信息服务人员知识更新和技能培训，提升业务素质和服务能力。要依托有关教学科研单位和市场培训机构，建立农业信息服务培训基地，开展规范化培训。

（四）强化督促检查

农业部组织开展督导检查和示范站评选工作，确保信息进村入户试点工作取得预期成效。试点省市要按照进度安排，定期进行自查，对发现的问题及时整改，确保质量进度和资金使用安全。要建立村级站用户满意度评价体系和信息员动态考评、量化管理及奖励制度，切实提高村级站的服务绩效。

二、农业信息服务云平台建设运维标准（试行）

农业信息服务云平台建设运维标准

（试行）

农业信息服务云平台依托 12316 农业信息服务平台建设，支撑全国省、市、县、乡、村技术同构、数据集中、业务协同、资源共享，是信息服务进村入户工程和信息资源共享的基础。

一、平台架构

农业信息服务云平台包括中央平台和省级平台两级实体，省级以下采用虚拟平台共享省级平台资源。中央平台对全国农业信息服务工作进行调度、管理和监督，为全国农业信息服务工作提供基础支撑。省级服务平台作为区域总节点，负责区域内业务支撑、数据存储和工作调度。

平台结构共分为基础运行环境、数据层、应用支撑层、应用层、展现层和接入层 6 个层次。基础运行环境包括硬件网络和操作系统等；数据层包括涉及的各种结构化和非结构化数据资源；应用支撑层包括各种应用中间件；应用层包括各种应用功能；展现层主要包括门户网站、信息发布栏等；接入层包括语音、短彩信、电子邮件等各种通信方式。

二、硬件设施

充分利用农业部及各省已有硬件资源和基础设施条件，按照填平补齐原则，重点在农业信息服务体系较完善的省（区、市）建设大区分中心，其他省份共享大区分中心软硬件资源。中央和省级平台的硬件设施主要类别包括服务器、线路接入设备、转换设备、安全设备、终端设备等。

（一）服务器。用于承载数据库服务、运行软件系统，可根据业务规模配置，包括 CTI 服务器、Web 服务器、APP 服务器、E-mail 服务器、传真服务器等，可多个模块共用一台服务器，也可各个模块独立部署。标准配置包括数据库服务器、应用服务器、CTI 服务器、Web 服务器。

（二）安全设备。安全设备主要包括防火墙设备、备灾设备、VPN 设备等。VPN 主设备主要包括 VPN 主设备和终端 VPN 设备，用于构建远端坐席和服务器之间的安全通信链路，可用带 VPN 功能的路由器同时解决终端网络接入和 VPN 功能。

（三）语音网关设备。语音网关设备用于电话线路的接入和语音交换，将 IP 线路转换为模拟线路，部署坐席模拟话机。

（四）终端设备。终端设备主要包括坐席电脑、IP 电话和模拟电话，以及用于实时展示服务情况并进行统计分析的监视屏。

（五）通信线路。省级平台同时接入电信、联通和移动三家运营商 E1 电话线，互联网接入 20M 宽带。市县乡村级采用互联网接入虚拟坐席，市县级互联网宽带 10M 以上，乡村级 4M 以上。

三、应用系统

农业信息服务云平台包括 12316 呼叫调度系统、短彩信系统、移动互联网支撑系统、门户网站集群、村级站点服务支撑系统、用户实名制管理系统及农技推广等功能模块，在中央和省级统一部署。

（一）12316 呼叫调度系统。12316 呼叫调度系统在中央和省两级部署，中央主要实现对资源的调度和服务的监管。省级主要实现呼叫中心通信管理与业务管理两方面功能。通信业务功能主要包括计算机控制接口、三方通话、传真收发、交互式语音应答、自动呼叫分配、文本转语音、通话录音、监控管理、统计报表等。业务管理功能主要包括用户资源管理、话务工单管理、服务记录、流程管理、坐席管理、案例知识库管理、问卷调查、统计分析、用户权限角色管理和系统维护管理等。

（二）短彩信系统。以 12316 中央平台现有短彩信系统为依托，按照"中央统一出口、各省独立部署、系统分级管理、用户统筹维护"方式，由农业部统一部署建设管理，与移动、联通、电信等运营商实现全面互联互通，功能模块主要包括采编管理、策略控制、系统监控、接收发送、用户和子号码管理授权、信息采集等。

（三）移动互联支撑系统。移动互联支撑系统由农业部统一部署，为信息进村入户提供 APP 软件下载安装、各类 APP 应用支撑。

（四）12316 门户网站集群。以 12316 门户网站为依托，建立覆盖中央、省、市、县、乡、村的农业信息服务门户网站体系，按照统一的域名、架构设立门户网站集群。构建框架式自动建站系统，指导各级信息服务机构设立子站或页面，展示信息服务内容，宣传农民农村，发布农产品市场和电商信息。网站信息由各级农业部门信息员定期自主更新维护。

（五）村级站点服务支撑系统。村级站点服务支撑系统主要提供村级信息服务站的公益服务、便民服务、信息发布、信息报送、站点和信息员管理维护等功能。依托支撑系统，村级信息服务站开展水电费收缴、电信服务代办、农资和生活消费品代购、农产品营销、小额金融服务、彩票代销、物流配送等市场化服务，生产技术咨询、惠农政策、市场行情、村务政务信息公开、信息技术体验等公益服务。

（六）用户实名制管理系统。建立统一的用户信息数据库，各省负责更新维护，各级用户按使用权限授权使用，用户实名管理系统与其他系统无缝连接，其他系统依托用户实名管理系统开展个性化精准服务。

（七）农技推广业务模块。依托全国农业服务云平台，开展全国农技员动态管理和服务质量考核，乡镇农技员依托 12316 农业信息服务体系和示范点开展技术指导、培训和服务，对村级信息服务示范点开展业务指导，并对示范点和信息员的服务工作进行调度和监督。

四、基建设施

（一）机房设施。机房面积满足服务器等设备布置要求，具备消防、安全防护、空调等基本条件，符合三级等保标准。涉密信息部分要符合相关保密标准。

（二）呼叫中心。省级呼叫中心坐席数量 8 到 20 个；市级坐席数量 6 到 10 个；县乡（地方）级坐席 2 到 4 个。每个坐席占地面积 1.5 平方米，由办公桌椅、办公电脑、坐席话机、网络线路组成。

五、运维管理

农业信息服务云平台按照"谁主管谁负责、谁运行谁负责"的原则进行运维管理。中央云平台运维由农业部视情况运行维护。省级云平台、省级软件设施由农业主管部门负责管理维护，具体可采用自管和委托、外包等方式。话务人员和服务专家由省级统筹管理，话务人员要培训上岗，专家团队要专业结构合理、具备实践经验、能解决实际问题。大区分中心资源和省级专家由所在省维护管理，中央平台统筹调度。

三、农业部办公厅关于印发《信息进村入户试点工作指南》的通知

农业部办公厅关于印发《信息进村入户试点工作指南》的通知

农办市〔2014〕9 号

有关省、直辖市农业（农牧、农村经济）厅（委、局）：

为贯彻落实《农业部关于开展信息进村入户试点工作的通知》的部署要求，确保信息进村入户试点工作有力有序有效推进，我部研究制定了《信息进村入户试点工作指南》，现印发你们，请结合本地实际，认真组织实施。实施过程中出现的新情况新问题和创造的好做法好经验，请及时报送我部市场与经济信息司。

农业部办公厅

2014 年 6 月 26 日

信息进村入户试点工作指南

为推进信息进村入户试点工作顺利实施，确保取得预期成效，根据《农业部关于开展信息进村入户试点工作的通知》（农市发〔2014〕2号）部署要求，在《信息进村入户试点工作方案》基础上，制定《信息进村入户试点工作指南》，以指导试点省市、县开展工作，进一步明确目标和任务，细化责任、措施和进度，并据此考核和验收试点工作。

一、总体目标

通过一个年度的试点，村级信息服务站（以下简称村级站）在试点县实现全覆盖，村级信息员选聘培训工作全面完成，12316服务体系实现横向跨省联通、纵向延伸到乡村，实现普通农户不出村、新型农业经营主体不出户就可享受到便捷、经济、高效的生产生活信息服务。特别是要通过统筹"农业公益服务资源、农村社会化服务资源"两类资源，构建"政府、服务商、运营商"三位一体的推进机制，整合"公益服务、便民服务、电子商务、培训体验服务"四类服务，实现信息精准到户、服务方便到村，探索建立政府"修路"、企业"跑车"、农民"取货"的可持续发展机制。信息进村入户试点工作示意图见附件1。

二、关于村级信息服务站建设

（一）目标

每个行政村至少建成1个标准型村级信息服务站，实现农业公益服务、便民服务、电子商务、培训体验服务进村；专业型占村级站总数的比例不低于20%；简易型数量不限。

（二）任务

1. 每个试点省市选择2个试点县整县推进，试点县要优先在物流体系相对较发达的城市郊区县、全国农业农村信息化示范基地、国家现代农业示范区中选择。

2. 村级站统一使用"益农信息社"品牌，标牌及标识由农业部统一设计（见附件2），试点省市负责制作。村级站要在全国平台（暂定 www.12316.cn）统一登记注册并依托其开展各类服务及经营活动。

3. 村级站建设要符合"六有"标准，有条件的村级站可自行配备大屏幕、IPTV 机顶盒等设备。部拨试点经费不能用于设备购置。

4. 村级站按照提供服务内容范围分为标准型、简易型和专业型。标准型（下称标准站）要提供农业公益服务、便民服务、电子商务、培训体验服务四类服务；简易型主要提供便民服务和电子商务，可在自然村或村民聚集区建立；专业型主要依托新型农业经营主体建立，由带头人围绕生产经营活动为成员提供专业服务。

5. 标准站要确保公益服务落地，商业服务搞活。提供四类服务：一是农业公益服务。利用 12316 短彩信等渠道精准推送农业生产经营、技术推广、政策法规、村务公开、就业等公益服务信息及现场咨询；协助开展农技推广、动植物疫病防治、农产品质量安全监管、土地流转、农业综合执法等业务。二是便民服务。开展水电气、通信、金融、保险、票务、医疗挂号、惠农补贴查询、法律咨询等服务。三是电子商务。开展农产品、农资及生活用品电子商务，提供农村物流代办等服务。四是培训体验服务。开展农业新技术、新品种、新产品培训，提供信息技术和产品体验。具体服务项目由试点省市会同运营企业共同确定。

6. 标准站要强化农村基础信息采集与维护，特别是要开展普通农户、种养大户、家庭农（牧）场、农民合作社等信息收集，要承担定期维护本村网页信息任务。有条件的要协助开展农业生产、农村经济运行信息采集和发布。

7. 标准站要提供免费 Wi-Fi 环境，农民在信息站可通过手机上网浏览信息、即时通信、下载更新软件等。

8. 试点省市要建立村级站市场化运营机制，在启动试点建设前要明确运营企业。试点省市农业主管部门牵头组织运营企业遴选、协议签署及考核评估工作。村级站选建工作要在省级农业主管部门统筹下，由试点县农业部门具体组织并负责审定，村委会与运营企业共同确定，并报试点省市农业主管部门备案后统一授牌。

（三）机制创设

1. 试点省市要研究制定村级站管理办法，建立村级站登记、备案及管理考核制度，建立服务规范，明确公益服务职责、商业服务内容及标准、法律责任。

2. 探索建立运营企业与村级站利益共享、风险共担的组织关系和运营机制，要支持运营企业以市场化方式整合便民服务资源。

3. 探索与运营企业的合作机制，明确各自的权利义务和法律责任。研究建立运营企业考核评估标准和准入退出机制。

4. 探索政府购买服务的投入保障机制，研究财政支持村级站建设内容及标准。

（四）试点成果及进度安排

1. 试点省市与运营企业签署战略合作框架协议（5月底前）。

2. 研究提出财政支持村级站建设建议（7月底前）。

3. 提交村级站名录并加盖省级农业主管部门公章（8月中旬前）。

4. 提交试点省市村级站管理办法（10月底前）。

5. 试点省市与运营企业签署合作协议并报农业部备案（11月底前）。

三、关于村级信息员队伍建设

（一）目标

每个村级站至少配备1名"有文化、懂信息、能服务、会经营"的信息员，试点县域内农业生产经营主体带头人比例不低于20%。

（二）任务

1. 村级信息员选聘工作由试点省市统筹、试点县农业部门具体组织、村委会与运营企业共同确定，并报试点省市农业主管部门备案。

2. 村级信息员要在村组干部、大学生村官、农村经纪人、农业生产经营主体带头人、农村商超店主中选聘。信息员要有初中以上文化，熟练使用计算机等办公设备和互联网，有责任心、沟通能力强、服务态度好。

3. 组织开展信息员上岗培训。农业部将组织信息进村入户专题培训班，重点培训试点省市业务主管处室负责人、试点县及农业部门主要负责同志；试点省市要按照 2014 年全国信息进村入户培训计划（见附件 3），编制培训方案，组织信息员按期参加培训。

4. 试点县农业主管部门负责村级信息员的统一管理，指导信息员开展公益性服务。运营企业要开展信息员专项培训并指导其开展经营性服务。

5. 信息员要在全国平台统一登记注册并依托其开展各类服务及经营活动，完成村级站各项服务工作。

（三）机制创设

1. 试点省市要研究制定信息员管理办法，建立信息员选聘、登记、备案、管理考核及权益保障等制度，明确信息员职责，制定信息员服务规范。

2. 研究信息员承担公益服务补贴机制。

（四）试点成果及进度安排

1. 提交信息员收入形成报告及相关补贴、奖励建议（7 月底前）。

2. 上报培训方案（7 月底前）。

3. 提交信息员名册（8 月中旬前）。

4. 提交信息员管理办法及服务规范（10 月底前）。

四、关于 12316 标准化改造

（一）目标

12316 服务体系横向跨省联通、纵向延伸乡村，对内融入各类农业公益服务，对外接入便民服务和电子商务，支撑信息精准到户、服务方便到村。12316 热线实现全域开通、全网接入、7×24 小时全天候、7×8 小时全人工、村级站拨打全免费。

（二）任务

1. 试点省市要组织开展农业部门服务资源摸底调查，重点包括信息资源、耕地、农户和新型经营主体等农业基础数据库建设，乡镇各类服务队伍，包括服务热线在内的各类服务手段建设，县乡村网站建设等情况。

2. 启用用户实名管理系统，建立各级农业行政管理部门、专家及服务队伍目录体系并建立信息动态修正机制，整合服务资源。建立农业生产经营主体名录及分类体系，实现精准服务。

3. 建立或完善12316呼叫中心，实现12316热线全域开通，移动、联通、电信全网接入，7×24小时语音全天候和7×8小时全人工服务。北京、辽宁、吉林和甘肃省级呼叫中心要实现每小时呼叫统计数据与农业部同步一次。黑龙江、江苏、浙江、河南、湖南和福建不再单独建设省级呼叫中心，统一启用定制云呼叫系统，并由农业部统筹安排由有稳定话务队伍的省级呼叫中心负责话务接转。

4. 整合各类服务热线和投诉举报电话，统一使用12316短号码。并推动12316短彩信系统成为各级农业部门间沟通、部署业务及对外提供服务的平台。

5. 推动12316融入乡镇农技推广体系，建立"省级呼叫中心＋各类专业专家和乡镇农技站远端座席"常规人工服务流程，由呼叫中心统一受理语音呼入，再根据需求就近转接相应专家或乡镇农技人员，在农技员与农民之间架起信息化沟通桥梁，方便农民就近找到专家，农技员有效对接农民需求。建立短信主动推送制度，利用12316短彩信或即时通信工具，实现天气、专业技术等信息精准到户。同时，为各级农业行政管理部门提供乡镇农技服务考核管理平台。

6. 推动12316服务向村级延伸。村级站要统一接入12316语音直拨电话，实现农民在村级站拨打12316全免费。村级站要建立短信推送制度，利用12316短彩信或即时通信工具，实现政策、村务管理、农民教育和商务服务信息精准到户。

7. 创新12316服务方式，积极支持各类基于移动互联网的服务产品开发，逐步培育围绕单一品种、覆盖上下游产业链的自助交互服务和信息沟通群团。

8. 整合各类农业部门的公益服务网站，形成统一对外服务窗口。全面构建覆盖部省地县乡村六级网站门户，按照统一的门户网站集群设计架构完成本省市县乡村网页站链接，重点完善县以下网页信息，并建立信息维护制度。

9. 统一使用村级站运营支撑管理系统，实现服务资源管理并开展日常经营活动。

10. 农业部将在充分整合各地、各有关企业较成熟的语音呼叫、短彩信、移动互联、网站门户、站点运营等系统的基础上，组织有关方面研究提出全国农业信息服务云平台建设方案。

（三）机制创设

1. 探索建立信息资源共建共享机制和相应管理制度。

2. 探索建立农业基础数据采集制度。

3. 探索建立农业管理部门、专家及服务队伍目录体系并建立信息动态修正机制，建立农业生产经营主体分类体系。

4. 建立 12316 语音服务规范、短彩信应用管理办法。

5. 探索全国云平台构建及运行维护投入机制。

6. 探索云平台运营企业与各省市村级站运营企业协同机制。

7. 研究明确云平台运营企业的权利义务和法律责任。

（四）试点成果及进度安排

1. 研究制订云平台建设方案（7 月底前）。

2. 提交试点省资源整合及各业务部门应用 12316 情况报告（10 月底前）。

3. 完善农业管理部门、专家及服务队伍、农户和农业生产经营主体基础数据库（10 月底前）。

4. 提交信息资源共建共享机制和相应管理制度（11 月底前）。

5. 建立 12316 语音服务规范、短彩信应用管理办法（11 月底前）。

五、关于组织管理与运营机制

（一）目标

基本建成全国统一规划、部省共建、省级统筹、县为主体、村为基础、社会参与、合作共赢的建管体制，建立"政府＋服务商＋运营商"三位一体的可持续运行机制。

（二）任务

1. 农业部负责制订总体实施方案，统筹协调各方资源，加强指导服务，强化监督检查。具体负责中央平台设计、信息员培训方案制订及培训教材编写等工作。负责示范站评定并授牌。

2. 试点省市农业主管部门要积极争取党委、政府的支持和有关部门的配合，建立农业行政管理部门牵头、涉农部门共同配合的协调推进机制。根据具体情况落实配套试点经费并确保资金使用安全，制订具体实施方案并组织实施，负责试点县遴选、涉农信息资源整合、信息员培训工作组织、12316标准化改造、运营企业确定及市场化机制探索。

3. 试点县农业部门作为实施主体，负责组织村级站遴选、建设认定和管理考评，涉农信息资源整合、服务队伍建设以及12316信息服务与农技推广等乡镇服务体系融合。积极探索乡镇农技站与村级站的互助合作关系，充分发挥乡镇农技员技术优势，为农民提供多种形式的技术咨询和培训。充分发挥村级组织在站点建设、人员配备、日常管理等方面的组织协调作用，指导信息员对村级站网页进行更新。

4. 探索建立"政府＋服务商＋运营商"三位一体的运行机制，政府负责公益资源整合，提供公益服务，协调建好信息高速公路；服务商（包括电信运营商、生活服务商、平台电商、金融服务商、系统集成商、信息服务商等）负责提供各类商业服务和通道，通过扩大市场规模获得收益；运营商综合利用通道和信息高速公路整合各类公益和商业服务，从服务商获得利润分成，为农民提供免费或低价服务。三方合力推进信息进村入户，做到共建、共赢、共享，形成收益共享、风险分担的合作模式，最终实现让农民不花钱或少花钱就能得到实惠，服务商和运营商也能赚到钱。

（三）试点成果及进度安排

1. 农业部制订信息进村入户试点工作方案（4月底前）。
2. 试点省市成立信息进村入户试点工作领导小组并报农业部（6月底前）。
3. 试点省市制订信息进村入户试点工作方案（6月底前）。
4. 试点省市提交配套试点经费落实情况（8月底前）。

附件 1

信息进村入户工程示意图

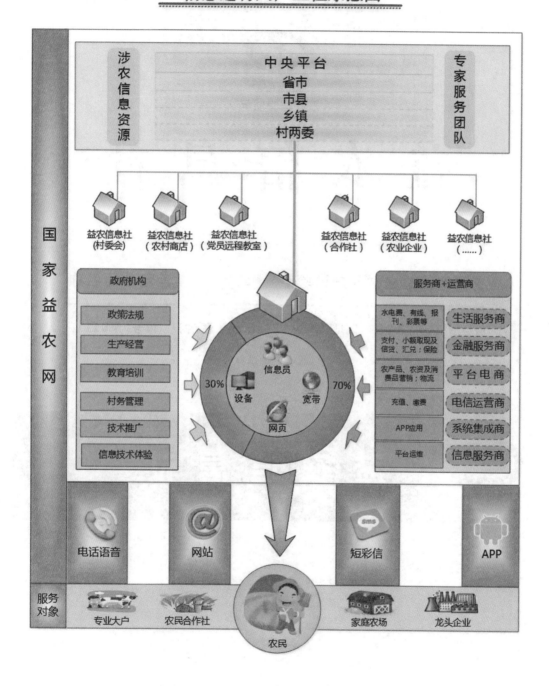

信息进村入户工程示意图

附件 2

益农信息社标牌及标识

益 农 信 息 社

农业部信息进村入户试验点   运营公司名称

服务热线：**12316**   网址：www.12316.cn（暂定）   编号：豫01111

农业部信息进村入户试验点
益农信息社
服务热线：12316
网址：www.12316.cn（暂定）
编号：豫01111
运营公司名称

附件 3

信息进村入户试点工作培训计划

培训项目	省　份	时　间	地　点	参训人数（人）
专题班	10 个试点省市	9 月中旬	江苏宜兴市高塍镇	包括 10 个试点省市处长、20 个试点县县长和农业局局长，约 60 人
全国农村实用人才培训	北京	10 月 13—19 日	福建兰田村	50
		11 月 3—9 日	福建兰田村	50
	辽宁	9 月 15—21 日	福建兰田村	40
		9 月 22—28 日	黑龙江兴十四村	20
		10 月 20—26 日	江苏华西村	40
	吉林	9 月 15—21 日	福建兰田村	40
		9 月 22—28 日	黑龙江兴十四村	20
		10 月 20—26 日	江苏华西村	40
	黑龙江	9 月 15—21 日	福建兰田村	20
		9 月 22—28 日	黑龙江兴十四村	60
		10 月 20—26 日	江苏华西村	20
	江苏	9 月 22—28 日	福建兰田村	40
		11 月 10—16 日	福建兰田村	50
	福建	9 月 22—28 日	福建兰田村	60
		11 月 3—9 日	福建兰田村	50
	河南	10 月 20—26 日	福建兰田村	50
		10 月 20—26 日	湖南老街村	50
	湖南	10 月 20—26 日	福建兰田村	50
		10 月 20—26 日	湖南老街村	50
	甘肃	9 月 22—28 日	甘肃前进村	100

续　表

培训项目	省　份	时　间	地　点	参训人数（人）
新型职业农民培训	10个试点省市	请自行协调省内有关部门	请自行协调省内有关部门	4100

附件 4

信息进村入户试点工作进度安排

序号	试 点 成 果	进度安排
1	试点省市与运营企业签署战略合作框架协议	5 月底前
2	试点省市成立信息进村入户试点工作领导小组并报农业部	6 月底前
3	试点省市制订信息进村入户试点工作方案	6 月底前
4	研究提出财政支持村级站建设建议	7 月底前
5	提交信息员收入形成报告及相关补贴、奖励建议	7 月底前
6	上报培训方案	7 月底前
7	提交村级站名录并加盖省级农业主管部门公章	8 月中旬前
8	提交信息员名册	8 月中旬前
9	试点省市提交配套试点经费落实情况	8 月底前
10	提交试点省市村级站管理办法	10 月底前
11	提交信息员管理办法及服务规范	10 月底前
12	提交试点省资源整合及各业务部门应用 12316 情况报告	10 月底前
13	完善农业管理部门、专家及服务队伍、农户和农业生产经营主体基础数据库	10 月底前
14	提交信息资源共建共享机制和相应管理制度	11 月底前
15	试点省市与运营企业签署合作协议并报农业部备案	11 月底前

四、农业部办公厅关于印发《2015 年信息进村入户试点工作安排》的通知

农业部办公厅关于印发《2015 年信息进村入户试点工作安排》的通知

农办市〔2015〕10 号

各省、自治区、直辖市农业（农牧、农村经济）厅（委、局、办），新疆生产建设兵团农业局：

按照 2014 年中央一号文件的部署要求，农业部组织北京、辽宁等 10 个试点省（市）、22 个试点县（市、区）开展了信息进村入户试点。一年来，在各试点省（市）、县和相关企事业单位的共同努力下，试点工作取得了重要阶段性成果。为贯彻落实 2015 年中央一号文件、全国春季农业生产暨森林草原防火工作会议部署，按照全国信息进村入户试点工作推进会的要求，加快推进步伐，切实把信息进村入户建设成为"互联网＋"行动计划在农村落地的示范工程，结合信息进村入户试点工作进展，我部研究提出了《2015 年信息进村入户试点工作安排》。现印发你们，请遵照执行。在实施过程中，请及时将出现的新情况新问题以及探索出的新经验新模式反馈农业部市场与经济信息司。

农业部办公厅

2015 年 6 月 15 日

2015年信息进村入户试点工作安排

按照2014年中央一号文件的部署要求，农业部组织北京、辽宁等10个试点省（市）、22个试点县（市、区）开展了信息进村入户试点。一年来，在各试点省（市）、县和相关企事业单位的共同努力下，试点工作取得了重要阶段性成果，为推动试点工作加快步伐积累了经验，探索出了一些比较成功的市场化运营模式。2015年中央一号文件继续强调"推进信息进村入户"，国务院领导同志在全国春季农业生产暨森林草原防火工作会议上就信息进村入户工作作出了部署。为贯彻落实党中央、国务院的决策部署，按照部党组和全国信息进村入户试点工作推进会的要求，切实把信息进村入户建设成为"互联网＋"行动计划在农村落地的示范工程，根据《农业部关于开展信息进村入户试点工作的通知》（农市发〔2014〕2号）及《信息进村入户试点工作方案》和《农业部办公厅关于印发〈信息进村入户试点工作指南〉的通知》（农办市〔2014〕9号），结合信息进村入户试点工作进展，现就2015年信息进村入户试点工作安排如下。

一、工作思路、总体目标和进度安排

（一）工作思路

认真贯彻落实中央一号文件、十二届全国人大三次会议、全国春季农业生产暨森林草原防火工作会议、全国农业工作会议和全国信息进村入户试点工作推进会的决策部署，紧紧围绕加快转变农业发展方式和现代农业建设的中心任务，坚持以改革创新为动力，积极推动互联网与现代农业融合发展，以满足农民生产生活信息需求为出发点和落脚点，加快推进步伐，继续扩大规模，集聚服务资源，完善运行机制，着力提升能力，推动信息进村入户试点工作有力有序有效开展，努力探索出可复制可推广的经验和模式。

（二）总体目标

2015年，信息进村入户试点工作覆盖范围进一步扩大，试点县益农信息社建设实现整县推进，以 12316 为核心的涉农公益服务率先上线运行，便民服务内容更加丰富，电子商务在益农信息社全面落地，培训体验服务广泛开展，市场化运营机制进一步完善，风险防控管理制度基本建立，全国统一平台部署上线，为信息进村入户在全国推行探索总结出一整套成熟的经验和模式。

（三）进度安排

今后几年的总体考虑是，2015 年信息进村入户试点省份再增加 10 个，2016 年覆盖所有省份，并在试点县中认定一批示范县，2017 年试点范围扩大到 1/10 以上的县，2020 年基本覆盖到所有县和行政村。2015 年的具体安排：一是首批 10 个试点省（市）全面完成 22 个试点县试点任务，同时每个省份至少新增 5 个试点县；二是新增的每个试点省份至少确定 2 个试点县；三是今年新增的试点省份、试点县都将采取县省申报、专家评审、部级认定的方式予以确定；四是其他未列入试点的省份，按照农业部印发的通知、方案和指南要求，严格标准和程序，可选择 1—2 个县报经农业部备案后自行试点。

二、2015 年试点工作主要任务

（一）完善公益服务体系

在农业部的组织指导下，各试点省份加快 12316 服务热线升级改造，建成运行全国统一的呼叫中心。各试点省份、县要优先整合农业部门信息资源，确保农业政策法规、新品种新技术、动植物疫病预测预报与诊断防治、农产品市场行情、农产品质量安全监管、农机作业调度、农村"三资"管理等信息服务资源率先上线；加强与有关涉农部门的合作，积极推动教育、医疗、村务公开、就业务工等信息的发布和公开。

（二）丰富便民服务内容

各试点省份、县要本着"共享、融合、变革、引领"的互联网理念，加强与电信、银行、保险、供销、交通、邮政、医院、水电气等单位的合作，根据各试点县和农村社区的实际情况，有针对性地引入更多的便民服务资源进入益农信息社，建立服务目录并向农民告知。

（三）推进电商进村落地

各试点省份、县要以开放包容的心态，推动电子商务进村，在益农信息社落地。农业部门要会同有关部门切实履行好政府部门的职责，加强信息监测统计，组织制定采后包装、分等分级等标准，强化市场监管和诚信体系建设，以农产品和农业生产资料为重点，抓好试点示范，对接电商平台，形成农产品进城和生活消费品、农业生产资料下乡双向互动的流通格局。

（四）提升培训体验效果

各试点省份、县要引导运营商、服务商为益农信息社提供免费 Wi-Fi、免费拨打 12316、免费视频通话、免费信息查询、免费在线培训和阅读等服务资源，并充分发挥信息员的示范指导作用，帮助村民查询信息、网上购物，让农民分享到现代信息技术发展成果，把益农信息社建设成为现代信息产业新技术、新产品的发布推广平台。

（五）探索创新信息监测预警方式

各试点省份、县要充分利用信息进村入户这个平台，采集监测农情、灾情、动植物疫情、市场行情、社情民意等信息，同时加强分析预警，搞好信息发布与精准推送，切实发挥信息指导生产、引导市场、服务决策的作用，为农业大数据建设积累数据、探索经验、打好基础。

（六）建立健全市场化运营机制

各试点省份、县要大胆探索创新，吸引更多的国有企业、民营企业加入到信息进村入户中来，按照现代企业制度的改革取向，建立产权清晰、权责明确的股份合作制企业，有条件的地方要有序实施混合所有制改革，以此建立健全信息进村入户市场化运营机制。同时制定落实好政府购买服务的政策，支持运营商、服务商协同配合、发展壮大。

（七）强化风险防控制度建设

针对可能出现的政治、市场、技术"三大风险"，各试点省份、县都要研究制定相应的管理制度和应急预案。对益农信息社的建设运营、信息员的选聘管理、资源的共建共享、参与企业的进入退出、试点工作的绩效考核都要制定管理办法或标准规范，做到成熟一个、出台一个、实施一个。同时，要强化制度执行，严格激励约束，严肃追究责任，确保监管有效、风险可控。

（八）加快研发运行全国统一平台

农业部组织有关科研教学单位和企业联合研发基于新一代信息技术的信息进村入户全国统一平台及村社版、家庭版等移动终端应用系统，以适应信息进村入户在全国范围内推广的需要。全国统一平台上线前，各试点省份、县要利用运营商提供的信息系统，开展在线服务，做好运营管理。平台部署上线后，各试点省份、县的信息系统和所有的益农信息社都要接入。在全国统一平台和重要信息系统的研发设计和部署运行过程中，务必切实重视信息安全能力建设。

三、工作要求

（一）加强组织领导

各试点省份、县要成立或调整充实信息进村入户工作领导小组。试点省份农业部门要积极争取政府分管秘书长担任领导小组组长，农业部门主要负责同志和分管负责同志担任副组长，相关涉农部门作为成员，并明确农业信息化业务主管处（室）承担领导小组日常工作；试点县要成立由县委县政府主要领导挂帅的领导小组，农业部门负责日常工作。各试点地区要积极争取将信息进村入户纳入"十三五"相关规划中，为信息进村入户扎实深入推进提供政策保障。

（二）坚持整县推进

各试点省份、县要坚持整县推进的工作思路，抓好以点带面，加快建设进度，尽快形成规模，降低运营成本，提升运营效益，吸引企业参与，力争一年时间试点县所有行政村实现全覆盖。**创新益农信息社和信息员的选建、选聘机制，落实乡镇、村"两委"的职责，严格标准和条件，采取自主申报、村和乡镇两级推荐、县级农业部门与运营商共同审定的工作流程，真正实现由"要他建"变为"他要建"，确保建一个、成一个。**

（三）严格统一标准

各试点省份、县要坚持按照有场所、有人员、有设备、有宽带、有网页、有持续运营能力的"六有"标准建设益农信息社。各试点省份要按照农业部要求统一设计门头门牌标识、统一编号，公布监督电话，接受社会监督。研究制定各项服务标准，推行益农信息社服务标准化建设，开展星级或示范益农信息社评定，努力把益农信息社建设成为服务"三农"的第一窗口和知名品牌。

（四）加强队伍建设

各试点省份、县要在严格按照标准选聘信息员的基础上，切实加强信息员的上岗培训和知识更新培训，确保信息员能够随着信息技术的发展和服务内容的不断扩展，最大程度满足农民所需的各种服务。农业部今年将继续安排信息进村入户专题培训班，有关省份要组织落实好学员，确保高标准、高质量完成培训任务。各试点省份也要根据试点工作安排和进展，切实抓好信息员培训工作。

（五）强化督导考核

各试点省份、县都要建立信息进村入户试点工作督导组，坚持以目标为导向，强化过程管理，定期或不定期深入基层和益农信息社督促检查试点工作，及时发现问题，督促整改落实，推动试点工作顺利实施。同时，要探索建立绩效考核制度，将试点工作纳入地方党委政府绩效考核指标体系或单独进行绩效考核，严格兑现奖惩，确保信息进村入户试点工作取得实实在在的效果。

四、2015 年试点申报要求和程序

（一）申报要求

申报成为农业部试点的省（自治区、直辖市）、县（市、区），以及新疆生产

建设兵团和下属的团场需要具备以下三个条件。一是工作基础好。农业农村信息化基础设施相对完善，有健全的组织管理、技术支撑、信息服务和政策保障体系，应用现代信息技术在为农民和新型农业经营主体提供全面准确及时的信息服务方面取得显著成效，12316等农业信息服务热线和短彩信服务在本区域内无盲区覆盖。全国农业农村信息化示范基地和国家现代农业示范区优先考虑。二是领导重视。当地党委政府高度重视试点工作，主要领导或分管领导充分认识到信息进村入户对加快转变农业发展方式、提供经济发展新动力、创新农业行政管理方式、缩小城乡数字鸿沟的重要意义。农业部门能够较好地组织协调各涉农部门的服务资源，并制订了切实可行的信息进村入户试点工作方案。三是有配套政策和资金。当地已经出台或计划出台相应的政策，支持鼓励国有企业、民营企业参与到信息进村入户工作中来，在税收、金融、人才、土地等方面给予优惠。财政部门已经安排或计划安排信息进村入户工作经费，能够吸引社会各方面的资金投入。对村级信息员公益服务有补贴的地方优先考虑。

（二）申报程序

1. 申报主体为省（自治区、直辖市）、县（市、区）以及新疆生产建设兵团和下属的团场农业行政主管部门。

2. 各省（自治区、直辖市）和新疆生产建设兵团负责组织辖区内县（市、区）和团场的申报工作，根据申报要求认真审核，按照"竞争选拔、优中选优"的原则遴选出试点县并报农业部审定。

3. 首批已开展试点省份遴选出至少5个县（市、区），其他申报试点省份（新疆生产建设兵团）遴选出至少2个县（市、区、团场），于6月底前将申报文件、省县两级试点工作方案和遴选出的试点县名单报送农业部市场与经济信息司。市场与经济信息司将组织评审，于7月20日前确定2015年信息进村入户试点省和试点县名单。

五、农业部办公厅关于公布第二批全国信息进村入户试点县名单的通知

农业部办公厅关于公布第二批全国
信息进村入户试点县名单的通知

农办市〔2015〕21号

各省、自治区、直辖市农业（农牧、农村经济）厅（委、局、办），新疆生产建设兵团农业局：

按照2014年中央一号文件的部署要求，农业部组织北京、辽宁等10个试点省（市）、22个试点县（市、区）（详见附件1）开展了信息进村入户试点工作。一年多来，在各试点省（市）、县和相关企事业单位的共同努力下，试点工作取得了重要阶段性成果，益农信息社建设已覆盖试点县（市、区）行政村的90%以上，公益服务、便民服务、电子商务、培训体验服务已进到村、落到户，并初步探索出了政府得民心、企业有利润、信息员有钱赚、农民享实惠的市场化运营机制。

2015年中央一号文件继续强调"推进信息进村入户"。为深入贯彻党中央、国务院的决策部署，按照农业部党组和全国信息进村入户试点工作推进会的部署安排，根据《农业部关于开展信息进村入户试点工作的通知》（农市发〔2014〕2号）、《农业部办公厅关于印发〈信息进村入户试点工作指南〉的通知》（农办市〔2014〕9号）、《农业部办公厅关于印发〈2015年信息进村入户试点工作安排〉的通知》（农办市〔2015〕10号）等文件精神，我部组织开展了第二批全国信息进村入户试点县申报工作。在县、省自愿申报基础上，我部确定在已开展试点的10个省（市）中新增试点县（市、区）51个，同时新增天津等16个试点省（区、市）、43个试点县（市、区），共计新增试点县（市、区）94个，作为第二批开展信息进村入户工作的试点县。具体名单见附件2。

请各试点省（区、市）、试点县（市、区）高度重视，切实加强组织领导，抓紧制订实施方案，抓紧落实配套资金，抓紧确定运营主体，整合集聚各类服务

资源，严格按照整县推进的要求加快益农信息社建设，确保把益农信息社建设成为大众创业、万众创新的平台，确保把信息进村入户打造成为"互联网＋"行动在农村落地的示范工程。在试点过程中出现的新情况新问题以及好做法好经验，请及时反馈农业部市场与经济信息司。

附件：1. 第一批全国信息进村入户试点县名单
　　　2. 第二批全国信息进村入户试点县名单

农业部办公厅

2015 年 12 月 8 日

附件 1

第一批全国信息进村入户试点县名单

序号	省　份	试点县
1	北京市	大兴区
2		密云县
3	辽宁省	北镇市
4		阜蒙县
5	吉林省	双阳区
6		伊通县
7	黑龙江省	双城市
8		方正县
9	江苏省	亭湖区
10		金湖县
11		宜兴市
12	浙江省	平湖市
13		遂昌县
14	福建省	南安市
15		尤溪县
16	河南省	浚　县
17		陕　县
18	湖南省	浏阳市
19		衡南县
20	甘肃省	甘谷县
21		宁　县
22		凉州区

注：第一批共 10 个试点省 22 个试点县。

附件 2

第二批全国信息进村入户试点县名单

序号	已试点省	新增试点县
1	北京市	昌平区
2		怀柔区
3		延庆区
4	辽宁省	苏家屯区
5		东港市
6		彰武县
7	吉林省	永吉县
8		公主岭市
9		东辽县
10		通榆县
11		敦化市
12	黑龙江省	阿城区
13		巴彦县
14		延寿县
15		尚志市
16		五常市
17		望奎县
18	江苏省	贾汪区
19		武进区
20		常熟市
21		阜宁县
22		大丰市
23	浙江省	北仑区

续　表

序号	已试点省	新增试点县
24	浙江省	桐乡市
25		浦江县
26		常山县
27		开化县
28		黄岩区
29		缙云县
30		龙泉市
31	福建省	仙游县
32		宁化县
33		将乐县
34		永春县
35		建瓯市
36		长汀县
37	河南省	新密市
38		淇县
39		博爱县
40		临颍县
41		义马市
42		永城市
43	湖南省	平江县
44		安乡县
45		道　县
46		靖州苗族侗族自治县
47	甘肃省	肃州区
48		敦煌市
49		武都区

续 表

序号	已试点省	新增试点县
50	甘肃省	成 县
51		徽 县

序号	新增试点省	试点县
1	天津市	西青区
2		武清区
3	河北省	丰南区
4		玉田县
5		围场满族蒙古族自治县
6	内蒙古自治区	巴林左旗
7		临河区
8		扎赉特旗
9	安徽省	长丰县
10		埇桥区
11		泾 县
12	江西省	南昌县
13		瑞昌市
14		余江县
15	湖北省	江夏区
16		当阳市
17		松滋市
18	广东省	高州市
19		梅县区
20		揭东区
21		灯塔盆地国家现代农业示范区

续 表

序号	新增试点省	试点县
22	重庆市	荣昌区
23		梁平县
24	四川省	彭州市
25		大英县
26		资中县
27	贵州省	息烽县
28		威宁彝族回族苗族自治县
29		玉屏侗族自治县
30	云南省	红塔区
31		宾川县
32	西藏自治区	曲水县
33		乃东县
34	陕西省	礼泉县
35		武功县
36		洛川县
37		白河县
38	宁夏回族自治区	平罗县
39		利通区
40	新疆维吾尔自治区	昌吉市
41		阿勒泰市
42	新疆生产建设兵团	第四师七十团
43		第六师共青团农场

注：第二批共新增 16 个试点省，共计 26 个试点省；新增 94 个试点县。

六、农业部办公厅关于成立农业部信息进村入户工作推进组的通知

农业部办公厅关于成立农业部信息
进村入户工作推进组的通知

农办市〔2016〕19号

各试点省（区、市）农业（农牧、农村经济）厅（委、局），新疆生产建设兵团农业局，部内有关司局，各有关单位：

为贯彻落实中央一号文件的部署要求，进一步加强对信息进村入户工作的组织领导，更加有力地推进信息进村入户工作，确保把信息进村入户打造成"互联网＋"行动在农村落地的示范工程，力争到"十三五"末，益农信息社建设基本覆盖到全国所有行政村，决定成立农业部信息进村入户工作推进组（以下简称"推进组"）。现将有关事项通知如下。

一、主要职责

推进组负责研究确定信息进村入户工作重大事项，完善信息进村入户有关理论、政策、机制，制定相关管理办法、规范和标准，协调各方资源，督促指导各地开展工作。

二、组成成员

组　　长：余欣荣　农业部党组副书记、副部长

副组长：屈冬玉　农业部党组成员、副部长

成　　员：唐　珂　农业部市场与经济信息司司长

　　　　　金文成　农业部农村经济体制与经营管理司副司长

　　　　　王小兵　农业部市场与经济信息司副司长

　　　　　张　辉　农业部发展计划司副司长

　　　　　宋　昱　农业部财务司副司长

　　　　　江文胜　农业部科技教育司副司长

潘文博　农业部种植业管理司副司长

吴晓玲　农业部种子管理局副局长

孔　亮　农业部农业机械化管理司副司长

王俊勋　农业部畜牧业司副司长

向朝阳　农业部兽医局副局长

彭剑良　农业部农垦局副局长

潘利兵　农业部农产品加工局副局长

刘新中　农业部渔业渔政管理局副局长

广德福　农业部农产品质量安全监管局巡视员

刘桂才　农业部信息中心总工程师

陶志强　北京市农业局总农艺师

毛科军　天津市农村工作委员会副主任

康　森　河北省农业厅副厅长

云挨厚　内蒙古自治区农牧业厅副厅长

于　衡　辽宁省农村经济委员会副主任

王峻岩　吉林省农业委员会副主任

白雪华　黑龙江省农业委员会副主任

徐惠中　江苏省农业委员会副主任

王建跃　浙江省农业厅副厅长

胡桂芳　安徽省农业委员会副巡视员

王智桢　福建省农业厅副厅长

程关怀　江西省农业厅副厅长

张惠民　河南省农业厅副厅长

张桂华　湖北省农业厅副厅长

唐建初　湖南省农业委员会副巡视员

程　萍　广东省农业厅副厅长

陈　勇　重庆市农业委员会副主任

涂建华　四川省农业厅副厅长

向青云　贵州省农业委员会总经济师

李国林　云南省农业厅副厅长

顿　吉　西藏自治区农牧厅副厅长

宁殿林　陕西省农业厅总农艺师

韩临广　甘肃省农牧厅副厅长

杨明红　宁夏回族自治区农牧厅副厅长

宋丹阳　新疆维吾尔自治区农业厅副厅长

程景民　新疆生产建设兵团农业局副局长

三、工作机构

推进组下设办公室和专家委员会。办公室设在农业部市场与经济信息司，承担推进组日常工作，协调联络各相关部门和地方，宣传推介各地典型模式和创新经验。专家委员会负责督查指导各地信息进村入户进展，开展标准、规范制修订，以及风险防控等相关理论、机制研究。

（一）办公室组成

主　任：唐　珂　农业部市场与经济信息司司长（兼任）

副主任：王小兵　农业部市场与经济信息司副司长（兼任）

成　员：王　松　农业部市场与经济信息司信息化推进处处长

张永江　农业部发展计划司投资计划处处长

于　泽　农业部财务司预算处主任科员

徐利群　农业部科技教育司技术推广处副处长

刘莉华　农业部种植业管理司农情处处长

吕　波　农业部种子管理局市场监管处处长

吴　迪　农业部农业机械化管理司生产管理处副调研员

辛国昌　农业部畜牧业司监测分析处处长

张立志　农业部兽医局综合处副调研员

周　峰　农业部农垦局科技经贸处副处长

李春艳　农业部农产品加工局规划统计处副调研员

袁晓初　农业部渔业渔政管理局渔情监测与市场加工处处长

李家健　农业部农产品质量安全监管局综合处处长

杨　霞　农业部农村合作经济经营管理总站体系与信息处副处长

王曼维　农业部信息中心信息服务处副处长

王大山　北京市农业局信息中心主任

李　洁　天津市农村工作委员会信息中心主任

赵郁强　河北省农业信息中心副主任

云丽霞　内蒙古自治区农牧业厅市场与经济信息处处长

牟恩东　辽宁省农村经济委员会信息中心主任

郭　峰　吉林省农村经济信息中心主任

戴晓东　黑龙江省农业委员会市场与经济信息处处长

徐　茂　江苏省农业信息中心主任

陶忠良　浙江省农业信息中心副主任

赵　霞　安徽省农业委员会市场信息处处长

陈金梓　福建省农业厅市场信息处副处长

刘晓斌　江西省农业厅市场与涉外处副处长

薛　红　河南省市场与经济信息处处长

曾　红　湖北省农业厅市场与经济信息处处长

张琼瑛　湖南省农业委员会市场与经济信息处调研员

黄建清　广东省农业厅市场信息处副调研员

娄宇芳　重庆市农业委员会市场与经济信息处调研员

李幼平　四川省农业厅市场与经济信息处处长

李　晶　贵州省农业委员会市场与经济信息处副处长

杨晏模　云南省农业厅市场与经济信息处副处长

李　承　西藏自治区农牧厅政策法规处副处长

胡　斌　陕西省农业厅市场信息处副调研员

武红安　甘肃省农牧厅市场处处长

王美云　宁夏回族自治区农牧厅市场信息与对外合作交流处处长

刘　宾　新疆维吾尔自治区农业厅市场与经济信息处副处长

荀春红　新疆生产建设兵团农业局市场信息处副调研员

（二）专家委员会组成

吴秀媛　农业部信息中心研究员（负责日常工作）
崔　军　农业部规划设计研究院副院长
张新红　国家信息中心信息化研究部主任
邝　坚　北京邮电大学软件学院执行院长
赵春江　国家农业信息化工程技术研究中心主任
汪向东　中国社会科学院信息化研究中心主任
刘继芳　中国农业科学院农业信息研究所党委书记
许世卫　中国农业科学院农业信息研究所研究员
李道亮　中国农业大学信息与电气工程学院教授

推进组成员及办公室成员采取职务出任制，根据推进进展和实施范围适时补充，成员因工作变动需调整的，由所在单位向推进组办公室提出，按程序报批。

农业部办公厅

2016 年 7 月 19 日

七、农业部办公厅关于印发信息进村入户工作规范的通知

农业部办公厅关于印发信息进村入户工作规范的通知

农办市〔2016〕29 号

各省、自治区、直辖市农业（农牧、农村经济、农村工作）厅（委、局），新疆生产建设兵团农业局：

为快速健康推进信息进村入户工作，确保各项重点任务有力有序有效开展，切实防范可能出现的各种风险，我部组织有关单位、专家研究制定了《农业部信息进村入户村级信息服务站建设规范（试行）》《农业部信息进村入户服务规范（试行）》《农业部信息进村入户村级信息员培训规范（试行）》等 3 项工作规范，并广泛征求各地农业主管部门意见。现印发你们，请结合实际认真贯彻执行。执行过程中出现的新情况新问题以及探索出的新经验好做法，请及时反馈农业部市场与经济信息司。

农业部办公厅

2016 年 10 月 14 日

农业部信息进村入户村级信息服务站建设规范

（试行）

为切实做好信息进村入户村级信息服务站（简称"村级站"，亦称"益农信息社"）的建设工作，满足农民群众和新型农业经营主体生产生活信息需求，根据《农业部关于开展信息进村入户试点工作的通知》《信息进村入户试点工作方案》《信息进村入户试点工作指南》等文件要求，制定本规范。

第一章　村级站选建

第一条　省级农业行政主管部门（简称"省级农业部门"）统筹村级站选建工作，细化建站要求和评价指标。地市级农业行政主管部门（简称"地市级农业部门"）负责督促指导整县推进村级站建设。县级农业行政主管部门（简称"县级农业部门"）负责具体的遴选、认定、管理和考评工作，采取自主申报、村和乡镇（街道）两级推荐、县级农业部门与运营企业共同审定的工作流程。审定合格后，报地市级、省级农业部门备案。

第二条　村级站建设要坚持整县推进，做到服务无盲区。

第三条　村级站的建设或认定，要以满足公益服务、便民服务、电子商务、培训体验服务四类服务为基本要求，要充分利用现有设施和条件，避免重复建设。

第四条　村级站要在国家信息进村入户公益平台（简称"国家平台"）登记注册、开展服务并纳入统一管理。

第二章　村级站分类

第五条　村级站主要包括标准站、专业站和简易站三种类型。

第六条　标准站依托行政村建设，选择交通便利、农户密集、人流量大的地区，优先选择村委会、农村党员远程教育点、农技推广机构、农村综合信息服务中心、农村商业网点等基础设施较为完善的场所进行信息化改造，充分利用12316农业服务体系确保公益服务落地，便民服务、电子商务、培训体验服务发挥实效，提供"一站式"服务。

第七条 专业站依托家庭农场、专业大户、农民合作社、农业产业化龙头企业等新型农业经营主体或新型农业服务主体建设，以农业专业服务为主，围绕农业生产、经营活动为其成员提供服务。

第八条 简易站依托各类农村商业网点建设，如农资店、兽药饲料门市、便民超市等，提供农业生产资料、生活消费品代买和电子商务等服务。

第九条 标准站建设布局要能够实现四类服务覆盖到所有行政村。专业站、简易站视各地实际情况，根据需求建设。

第十条 在布局建设村级站的同时，应统筹安排县级和必要的乡镇级中心站建设。中心站除具备标准站的基本功能之外，还应承担本辖区村级站管理和指导、资源集聚共享、物流集散等工作，促进本辖区村级站业务协作配合、互联互动。

第三章 村级站配置

第十一条 村级站应符合"六有标准"，即有场所、有人员、有设备、有宽带、有网页、有持续运营能力。

第十二条 有场所。有专门用于信息服务的场地、建筑设施安全完备，确保稳定供电。标准站使用面积不少于 20 平方米，专业站、简易站可根据实际需求确定。

第十三条 有人员。每个村级站至少配备 1 名村级信息员。

第十四条 有设备。标准站至少配备 1 台计算机、1 部专用电话、1 套视频设备、1 台打印机。专业站、简易站根据实际条件至少配备 1 台计算机和 1 部专用电话。有条件的村级站可自行配备多台基本设备和其他信息服务设备。

第十五条 有宽带。具有不低于 4M 的宽带网络，提供免费 Wi-Fi 环境，可供无线终端设备上网浏览信息、即时通信、下载更新软件等。

第十六条 有网页。要在国家平台登记注册，标准站利用村级版块建立本村网页，并定期更新维护，及时报送信息；专业站、简易站要积极利用平台提供服务。

第十七条 有持续运营能力。村级站具有盈利能力，能够保障可持续运营。

第十八条 村级站要统一使用"益农信息社"品牌。各省级农业部门要按照农业部要求统一设计制作门头门牌、统一编号，各县负责发放。专业站、简易站如不具备条件，可根据运营企业实际情况，将"益农信息社"品牌标识置于突出位置。所有村级站都要公布监督电话，接受社会监督。

第四章 村级信息员选聘

第十九条 村级信息员是村级站的责任人，具体承担村级站的日常工作。

第二十条 村级信息员要符合"有文化、懂信息、能服务、会经营"的标准。"有文化"是指具有初中以上学历；"懂信息"是指熟练使用计算机等办公设备和互联网，其中标准站信息员要具备维护更新本村网页和上报基本数据的能力；"能服务"是指沟通能力强、服务态度好、有责任心；"会经营"是指具备商业经营能力，能够保障村级站持续运营。

第二十一条 选聘工作由省级农业部门统筹，具体的遴选、上岗、管理和考评标准由省级、地市级农业部门指导县级农业部门制定，采取自主申请、村和乡镇（街道）两级推荐、县级农业部门与运营企业共同审定的工作流程。选聘方案中要明确村级信息员准入和退出条件，并加强村级信息员备用库建设。县级农业部门审定合格后，报地市级、省级农业部门备案并在国家平台登记注册。

第二十二条 村级信息员原则上应为本村村民，重点在村组干部、大学生村官、农村经纪人、农业生产经营主体带头人和农村商超店主中选聘，在同等条件下优先选聘返乡大中专毕业生、返乡农民工、农村青年、巾帼致富带头人和退役士兵等人员。要将满足条件的未聘用申请人员纳入村级信息员备用库。

第二十三条 村级信息员要经过县级农业部门组织的上岗培训，考试合格后上岗并签订相关协议。

第二十四条 村级信息员日常工作中接受县级农业部门和运营企业的指导和培训。

第五章 附 则

第二十五条 本规范由农业部市场与经济信息司负责解释。

第二十六条 本规范自发布之日起试行。

农业部信息进村入户服务规范

（试行）

为切实做好对农民和新型农业经营主体的生产生活信息服务，加快完善信息进村入户服务体系，根据《农业部关于开展信息进村入户试点工作的通知》《信息进村入户试点工作方案》《信息进村入户试点工作指南》等文件要求，制定本规范。

第一章　服务原则

第一条　信息进村入户主要提供四类服务：公益服务、便民服务、电子商务、培训体验服务，公益服务是四类服务的核心。

第二条　标准站（含中心站）四类服务都要实现；专业站和简易站根据实际情况，至少实现其中一类服务。

第三条　公益服务、便民服务、电子商务和培训体验服务在省级、地市级和县级农业部门和运营企业的共同指导下开展。

第四条　各地应根据实际情况，制定服务标准，规范服务记录和留痕，对服务质量进行严格考核。

第五条　鼓励各地探索政府购买服务的方式开展公益服务。

第六条　信息进村入户参与企业应对依托村级站和村级信息员开展的各种经营性服务向村级信息员支付酬劳。

第二章　服务方式

第七条　服务要坚持线上线下并重、现场服务和远程服务相结合，应不断丰富服务内容，拓展服务渠道。

第八条　线下服务依托村级站开展，通过整合各方资源，就近满足农民和新型农业经营主体的生产生活信息需求。

第九条　线上服务主要依托国家信息进村入户公益平台和手机 APP 开展，实现一村一网页。

第十条　鼓励各地创新服务方式，推动12316农业公益服务体系在村级站落地并与基层农技推广体系融合。

第十一条　在充分保障服务质量的前提下，村级信息员工作时间可灵活安排，可通过建立"微信群""QQ群"等，借助各类信息技术手段，推行"坐班制""上门制""在线制"相结合的新型服务方式。

第三章　服务内容

第十二条　公益服务。公益服务以12316农业公益服务为核心，主要包括：农业生产经营、技术推广、市场行情、政策法规等信息的现场咨询、电话咨询、短彩信推送等服务；协助开展农技推广、动植物疫病防治、农产品质量安全监管、农机作业调度、土地流转、宅基地登记、农村"三资"管理、农业综合执法、灾情预警、惠农补贴查询、村务公开等服务；相关部门和单位的农业气象，救灾救济，调解纠纷，各类证照、落户、低保，行政审批，招聘应聘，义务教育，慈善捐助，紧急救援的查询、代办等服务。鼓励各地探索创新信息采集方式，依托村级站，通过村级信息员开展农业生产、农村经济运行信息的采集、监测，为农民和新型农业经营主体提供信息服务。

第十三条　便民服务。电信运营商、生活服务商、金融服务商、信息服务商等为农民和新型农业经营主体提供的以便利生活为目的的服务。主要包括：协助开展农业保险、新型农村合作医疗保险、水电气和通信缴费及清单打印、邮政、信贷、小额提现、商业保险、车船票和机票预订、医疗挂号、旅游推介、快递收发、招聘应聘等。

第十四条　电子商务。主要包括：农产品、农业生产资料、休闲农业及生活用品网上交易，农村物流代办，以及在农产品成为商品的过程中提供的产地初加工、品牌宣传等服务。各地应加强与电商、物流、商贸、金融、供销、邮政、快递等各类社会资源合作，提升电子商务服务质量和水平。

第十五条　培训体验服务。主要包括：农业新技术、新品种、新产品培训，信息技术和产品体验服务等。各地要因地制宜，按需开展类型多样的培训体验服务。

第十六条　各地可结合实际，在不影响现有服务质量的前提下，自行增加服务内容。

第四章   服务负面清单

第十七条   运营企业、村级站和村级信息员在提供各项服务时不得损害农民利益，不能违反国家政策和法律法规。

第十八条   运营企业、村级站和村级信息员要主动维护信息安全，不得在服务终端中私自外接非法设备，不得外泄服务对象的信息资料和隐私。

第十九条   运营企业、村级站和村级信息员出现第十七条、第十八条所述问题的，农业部门将取消与运营企业的合作，对村级站进行摘牌，取消村级信息员资格、永不录用。情节严重触犯法律的，将追究法律责任。

第五章   附   则

第二十条   本规范由农业部市场与经济信息司负责解释。

第二十一条   本规范自发布之日起试行。

农业部信息进村入户村级信息员培训规范

（试行）

为切实做好信息进村入户村级信息员的培训工作，夯实信息进村入户顺利推进的人才保障，根据《农业部关于开展信息进村入户试点工作的通知》《信息进村入户试点工作方案》《信息进村入户试点工作指南》等文件要求，制定本规范。

第一章　培训管理

第一条　全国信息进村入户培训计划由农业部制定，主要针对各省（区、市）的骨干村级信息员进行培训。

第二条　省、市、县各级农业行政主管部门要根据全国培训计划和当地实际情况，编制地方培训计划，并组织实施。

第三条　县级农业行政主管部门（简称"县级农业部门"）负责村级信息员培训工作的日常管理，并建立培训档案。

第四条　培训对象包括：在岗村级信息员、拟选聘和备用的村级信息员。各地也可将农业部门负责信息进村入户的工作人员纳入培训对象。

第五条　村级信息员至少要参加县级农业部门组织的培训。

第六条　各地应引导信息进村入户参与企业积极参与培训工作。

第二章　培训方式

第七条　村级信息员培训类型包括上岗培训、知识更新培训、专题培训等；培训形式包括集中培训、实操培训和网络培训等。

第八条　上岗培训和集中培训在考核通过后获得结业证书，并由培训主办方记录学时。知识更新培训、专题培训、实操培训、网络培训等由县级农业部门记录学时。

第九条　各级农业部门可充分利用和发挥现有新型职业农民培育、农村实用人才带头人培训等项目以及12316服务体系、农民手机应用技能培训、国家信息进村入户公益平台的作用，将电话、电视、广播、报刊等传统手段与网络课堂、手机短彩信、微博微信等现代手段相结合，开展全方位、多元化、立体式的培训。

第十条 鼓励各地农业主管部门组织相关企业和机构开发培训软件和手机APP，实现便捷一站式"掌中培训"。

第三章 培训频次

第十一条 上岗培训和集中培训根据培训计划和村级信息服务站建设进度开展。其他培训按需开展，知识更新培训、专题培训、实操培训单次不少于2个学时，网络培训随时随地开展。

第十二条 村级信息员参加各种培训的学时数可以累计，全年不少于48学时。

第四章 培训内容

第十三条 培训内容主要包括基础知识和服务技能。

第十四条 基础知识包括：计算机、智能手机及互联网基础知识、使用方法，国家和各级政府制定的强农惠农富农政策，农业信息采集、传播等理论知识，现代信息技术在农业上的应用现状及前景，地方经济及农业发展特色等。

第十五条 服务技能包括：国家信息进村入户公益平台和各种常用APP的使用方法，各类农业公益服务和涉农服务资源的利用方法，涉农信息采集技能，运用电子商务技术的能力，与网络金融、保险、教育、文化、医疗、乡村旅游相关的实用技术和网络防诈骗知识等。

第五章 培训教材

第十六条 培训教材包括纸质教材、电子课件、授课视频和实操脚本等，各类培训可根据需要选择最适合的教材形式。

第十七条 农业部编制全国统一的村级信息员培训大纲。各地结合实际，依据大纲编制培训教材。

第十八条 培训大纲和培训教材应动态更新以适应村级信息员培训需求的变化。

第六章 附 则

第十九条 本规范由农业部市场与经济信息司负责解释。

第二十条 本规范自发布之日起试行。

八、农业部关于全面推进信息进村入户工程的实施意见

农业部关于全面推进信息进村入户工程的实施意见

农市发〔2016〕7 号

各省、自治区、直辖市及计划单列市农业（农牧、农村经济）、农机、畜牧、兽医、农垦、农产品加工、渔业（水利）厅（局、委、办），新疆生产建设兵团农业局：

信息进村入户是发展"互联网＋"现代农业的一项基础性工程，也是当前的突出"短板"，对促进农业现代化，缩小城乡差距意义重大。党中央、国务院高度重视信息进村入户，2014 年以来连续三年中央一号文件和《国务院关于积极推进"互联网＋"行动的指导意见》都对信息进村入户做出战略部署，提出明确要求。农业部认真贯彻落实中央部署要求，已在 26 个省份 116 个县开展了试点工作，探索出一套较为可行的制度机制，为加快农业现代化建设、促进农民增收致富、助力城乡一体化发展发挥了重要作用。各试点地区结合自身实际，创新开展试点工作，取得了明显成效，形成了多元持续推进的良好态势。同时，信息进村入户试点过程中也存在资源统筹不够、渠道共建不足、线上线下不匹配等问题，整体服务效益尚未充分发挥。为集聚资源全面推进信息进村入户工程，加快农村信息化服务普及，以信息化引领驱动农业现代化加快发展，培育改造提升"三农"新动能，提出如下实施意见。

一、总体要求

（一）指导思想

全面贯彻落实党的十八大和十八届三中、四中、五中、六中全会精神，深入学习贯彻习近平总书记系列重要讲话精神，牢固树立创新、协调、绿色、开放、共享的发展理念，紧紧围绕推进农业现代化的中心任务，以打造现代农业综合服务平台为目标，以线上线下农业融合发展为主线，着力加强农业信息基础设施建设，着力推进资源聚合和机制创新，着力完善农业信息服务体系，加快形成以农

业部门为主、各部门通力协作、各级政府全力支持、各类市场主体积极参与、基层干部群众真心拥护的建设和发展格局，尽快修通修好覆盖农村、立足农业、服务农民的"信息高速公路"，为实现农业现代化取得明显进展和全面建成小康社会提供强大动力。

（二）基本原则

坚持服务村户发展。紧紧围绕村户发展实际需要，以为农民提供便捷高效信息服务为着眼点和落脚点，夯实"全要素、全过程、全系统"的农村信息服务基础，切实提高农民群众运用信息发展生产、改善生活、增收致富的能力。

坚持统筹协同推进。做好顶层设计和战略规划，增强工作的整体性系统性，统筹发挥政府和市场作用，集聚相关部门、行业、领域的资源和力量，各方协同、上下联动、共建共用，形成全面推进信息进村入户的强大合力。

坚持体制机制创新。立足当前、着眼长远，采取开放式设计，留足创新空间和对接端口，依靠技术应用创新、建设运营机制创新、服务模式创新，形成"政府主导、市场主体、农民主人"的可持续发展格局。

坚持线上线下融合。加快实体农业的数据化、在线化改造，以信息流带动技术流、资金流、人才流、物资流等各种生产要素向农业农村集聚，形成"线上农业"和"线下农业"融合发展格局，实现产业链重构、供应链畅通、价值链提升。

（三）总体目标

力争到2020年，信息进村入户基本覆盖全国所有行政村，"政府＋运营商＋服务商"三位一体的推进机制进一步完善，农村"信息高速公路"基本修通，政类服务、民类服务、商类服务在一个平台协同运行，服务延伸到村，信息精准到户，基层信息服务体系基本健全，服务农业农村经济社会发展的能力大幅提升。

二、主要任务

（四）整省推进信息进村入户工程

农业部将进一步加强顶层设计，研究制订方案，建设运行国家信息进村入户公益平台，通过先建后补、奖补结合，采用竞争性申报方式确定国家信息进村入户工程示范省，带动各省份分批次整省实施信息进村入户工程。在当地党委政府的领导下，省级农业部门要牵头做好本地区建设方案，会同有关部门组织电信运营、电子商务、邮政快递、金融机构、新型农业经营主体和社会化服务组织等相关企业单位，全面推进本省信息进村入户。整省推进地区要明确建设运营主体，采用"民建公补、公管民营"的方式，按照"有场所、有人员、有设备、有宽带、有网页、有持续运营能力"的标准，重点建设好益农信息社，确保网络全覆盖、服务无盲区、运营可持续，实现普通农户不出村、新型农业经营主体不出户就可享受便捷高效的信息服务。

（五）创新信息进村入户推进机制

充分发挥市场配置资源的决定性作用和更好发挥政府作用，深入推进相关领域"放管服"改革，完善"政府＋运营商＋服务商"三位一体发展模式，构建政府推动力、市场活力、社会创造力相依相进的动力机制，依靠公益服务聚人气，实现商业服务可持续。统筹各方资源、加强部门协同，健全政府与运营企业的合作机制，优化运营企业与益农信息社一体运作、共建共享、风险共担的利益机制，构建部省共建、省级统筹、县为主体、村为基础、社会参与、合作共赢的建管体制和市场化运行机制。整省推进地区要以省为单位，坚持创新发展，按照现代企业制度的改革取向，探索建立产权清晰、权责明确、诚信守法、有经济实力和运营活力的建设运营企业，不断完善信息进村入户市场化运营机制。

（六）完善农村基层信息服务体系

整省推进地区要充分利用现有农村基层服务设施和条件，引导企业等各种社会力量积极参与建设运营，发挥市场主体在技术、人才、资金和信息基础设施等方面的优势，支持科研机构、企业研发信息系统和终端产品。加强村级信息员选聘培育，优先从返乡创业农民工、大学生及有志于从事信息服务的农村青年中选聘信息员。利用农村实用人才带头人、新型职业农民培育等现有培训项目资源以及 12316 服务体系、农民手机应用技能培训，将传统手段与现代手段相结合，开展全方位、多元化、立体式的培训。选择基础条件好、辐射带动能力强的地区，建设信息进村入户区域培训中心。积极利用信息进村入户平台，加快农业科技成果转化应用，为农民提供精准、实时的农技推广服务。依托信息进村入户，加强现代信息产业新技术、新产品的发布推广和培训体验服务。探索创新信息采集方式，开展农业生产、农村经济运行信息的采集、监测，完善基础信息数据库，运用大数据技术深度挖掘分析，为广大农民提供信息服务，为政府决策提供信息支撑。

（七）加快构建综合信息服务平台

整省推进地区要通过行政、技术、市场等手段，探索农村地区公共服务资源接入方式，推动服务资源的数据化和在线化，创新服务资源融合共享机制。以国家信息进村入户公益平台为基础，逐步整合现有各类农业信息服务系统。加强12316公益服务能力建设，加大涉农部门信息资源和服务资源整合力度，加快公共服务体系与基层农业服务体系融合，为农技推广、农产品质量安全监管、农机作业调度、动植物疫病防控、测土配方施肥、农村"三资"管理、政策法律咨询等业务体系提供服务农民的信息通道、沟通手段和管理平台。引导气象、交通、教育、文化、科技、医疗、就业、银行、保险、电信、邮政、供销等涉农资源信息接入，有效对接全国党员干部现代远程教育网络、农村社区公共服务设施和综合信息平台，推动涉农服务事项一窗口办理、一站式服务。

（八）建立健全制度规范和监管体系

农业部将会同有关部门制定建设运营、资源共建共享、风险防控、延伸绩效考核等方面的制度规范，指导各地有力有序有效开展工作。整省推进地区要研究制定益农信息社管理办法，建立益农信息社登记、备案及管理考核制度，研究制定村级信息员选聘、培训、管理、考核办法，建立信息进村入户服务规范，明确公益服务职责、商业服务内容及标准、法律责任，加强网络和信息安全防护能力建设，有效防控技术风险、经营风险和法律风险，确保信息进村入户工程安全规范推进和运行。整省推进地区要坚持以目标为导向，强化制度执行，强化过程监督管理，严格激励约束，严格责任落实，将信息进村入户工程纳入地方党委政府绩效考核指标体系或单独进行绩效考核，确保监管有效、风险可控。

三、强化组织实施

（九）加强组织领导

在农业部的工作指导下，推动示范省将信息进村入户作为党委政府的重点工作，成立由政府主管负责同志任组长、各相关部门参加的工作领导机构，各级也要强化推进领导力量，统筹协调资源，明确责任分工，确保各项工作有序落实。

（十）完善政策措施

整省推进地区要认真落实国家相关支持政策，制定出台配套措施，强化村级信息员就业扶持，减少事前准入限制，加大资金投入力度，探索政府和社会资本合作、政府购买服务等方式，充分发挥财政资金撬动社会资本的作用。区别公益服务与商业经营，财政资金原则上只补贴公益项目。

（十一）强化督查考核

农业部将定期对各省信息进村入户工程的推进落实情况进行督查指导，实行绩效考核。整省推进地区要细化推进措施，抓紧建立和完善责任落实与监督考核机制，加强资金监管，加强项目管理，明确进度安排，按计划有力推进。

（十二）加强宣传引导

加大对信息进村入户有关政策措施、典型经验、发展成效的宣传力度，开展技术产品、服务平台、运营模式推介，积极营造全社会关心支持信息进村入户发展的良好氛围。

农 业 部

2016 年 11 月 10 日

九、农业部办公厅关于开展信息进村入户工程整省推进示范的通知

农业部办公厅关于开展
信息进村入户工程整省推进示范的通知

农办市〔2017〕15号

各省、自治区、直辖市农业（农牧、农村经济）厅（局、委），新疆生产建设兵团农业局：

2017年中央一号文件作出"全面实施信息进村入户工程，开展整省推进示范"的部署。为深入贯彻落实中央决策部署，根据《农业部关于推进农业供给侧结构性改革的实施意见》（农发〔2017〕1号）和《农业部关于全面推进信息进村入户工程的实施意见》（农市发〔2016〕7号）等文件精神，我部在自愿申报、竞争性遴选的基础上，决定2017年在辽宁、江苏、江西、河南、四川和吉林、黑龙江、浙江、重庆、贵州等10省市开展信息进村入户工程整省推进示范，并鼓励其他省份自行开展整省推进工作。现就有关事项通知如下。

一、总体目标

辽宁、江苏、江西、河南、四川等5省要按照《农业部财政部关于做好2017年中央财政农业生产发展等项目实施工作的通知》（农财发〔2017〕11号）要求，到2017年底分别建成运营9300个、11600个、13600个、37600个、37000个以上的益农信息社，益农信息社在行政村的覆盖率达80％以上，依托益农信息社向农民提供的公益服务和便民服务次数比上年增长1倍以上，依托益农信息社的农产品电商上行交易额比上年增长80％以上。到2017年底，吉林、黑龙江、浙江、重庆等4省市分别建成运营3800个、3700个、11200个、3300个以上的益农信息社，益农信息社在行政村的覆盖率达40％以上；贵州省建成运营5000个以上的益农信息社，覆盖全省30％以上的行政村。每个益农信息社至少配备1名村级信息员。自行开展整省推进的省份也应根据实际情况制定绩效目标。示范省份要确定产权清晰、权责明确、诚信守法、有经济实力和运营活力的建设运营企业，以省为

单位制定统一的益农信息社基本服务目录并向农民告知，益农信息社、村级信息员、省县农业部门、运营商和服务商都要按照农业部的统一部署接入国家信息进村入户公益平台并开展在线服务，实现网络全覆盖、服务无盲区、运营可持续。

二、主要任务

（一）加快益农信息社建设运营

示范省份要按照《农业部信息进村入户村级信息服务站建设规范》要求，统筹做好益农信息社的建设和运营工作，做到公益服务、便民服务、电子商务和培训体验服务"四类"服务全覆盖，突出公益服务作为"四类"服务的核心功能。建设运营遵循利旧原则，充分利用现有农业技术推广服务、农村党员远程教育等设施条件、场所设备，以及市场化的金融服务、通信、电商等服务网点，开展新建或改造，鼓励企业等社会资本多元主体参与建设运营。益农信息社建设要充分考虑服务半径、人口数量等因素合理布局，优先覆盖贫困地区。除标准型益农信息社之外，要根据农民和新型农业经营主体的实际需求，建设一定数量的简易型和专业型益农信息社，并结合实际需要统筹安排县级和乡镇级中心社建设。示范省份要统一使用"益农信息社"品牌，按照农业部要求统一设计制作门头门牌、统一编号。

（二）严格选聘培训村级信息员

示范省份要按照"有文化、懂信息、能服务、会经营"的原则，制定细化村级信息员遴选、培训、上岗、管理和考评标准，优先从返乡下乡人员和有志于从事信息服务的农村青年中选聘。村级信息员必须经过培训、考核合格后才能上岗。示范省份应充分利用和发挥现有培训体系、项目的作用引导组织运营商积极参与，将传统手段与现代手段相结合，开展全方位、多元化、立体式的村级信息员培训。示范省份要依托信息进村入户，全面开展农民手机应用技能培训，创新培训内容和方式，让手机成为农民发家致富的好帮手。

（三）进一步集聚公益性和经营性服务资源

示范省份要按照《农业部信息进村入户服务规范》要求，整合接入农业部门公益服务资源以及相关部门和单位的涉农公益服务资源，改造升级12316农业公益服务体系，依托益农信息社探索创新信息采集方式，加快农业科技成果转化应用，加强信息化新技术、新产品的发布推广和培训体验服务，同时指导运营企业整合经营性服务资源，实现服务资源的数据化和在线化。示范省份要以国家信息进村入户公益平台为基础，加大信息和服务资源整合力度，将益农信息社打造成为农服务的一站式窗口。

（四）完善可持续的市场化运营机制

示范省份农业部门应在省委省政府领导下，联合相关部门和单位，在纪检部门的监督下，按照公平、公正、公开的原则选择运营商，承担全省益农信息社的建设和运营工作。运营商可以是1家企业，或是多家企业联合组建的1个新主体。运营商应熟悉农业农村特点，有长期从事农业农村信息化业务经验的企业优先。运营商不是终身制，要组织年度考核，考核不达标又不能及时整改的可以更换。示范省份选定运营商后，应报农业部市场与经济信息司备案。示范省份要不断完善"政府＋运营商＋服务商"三位一体的发展模式，优化运营企业与益农信息社一体运作、共建共享、风险共担的利益机制，构建部省共建、省级统筹、县为主体、村为基础、社会参与、合作共赢的建管机制和市场化运行机制。

（五）统筹推进"互联网＋"现代农业重点工作

示范省份要坚持把信息进村入户作为推进"互联网＋"现代农业发展的重要抓手，加强信息基础设施建设，依托益农信息社，统筹推进农业信息服务、农业电子商务、农业物联网、农业农村大数据发展、农民手机应用技能培训和农业特色互联网小镇建设，强化互联网与农业生产、经营、管理、服务和创业创新的深度融合，全面提升"四类"服务能力。

三、保障措施

（一）加强组织领导

示范省份要在农业部信息进村入户工作推进组的指导下，推动将信息进村入户作为党委政府的重点工作，成立由省（市）政府分管负责同志任组长、各相关部门、单位参加的工作领导机构，统筹协调资源，明确责任分工，确保各项工作有序落实。示范省份要按照我部要求，进一步细化完善实施方案，各市县也要依据省里的实施方案安排统一实施，防止各自为政，坚决防止形成新的信息"孤岛"。

（二）强化资金保障

各省（区、市）农业部门要积极争取省级财政资金支持，同时，积极探索与银行、保险、通信、电商等企业合作，因地制宜采取 PPP 等方式建设运营益农信息社。辽宁、江苏、江西、河南、四川等 5 省农业部门要积极协调财政部门，落实中央财政农业生产发展资金支持，细化资金用途，明确支持方式，确保资金使用安全、用出效益。

（三）切实防范风险

示范省份要在农业部相关制度规范基础上，进一步明确公益服务职责、商业服务内容及标准、法律责任，细化管理制度和应急预案，加强网络和信息安全防护能力建设，有效防控技术、经营和法律风险。要坚持目标导向，强化制度执行，强化监督管理，严格激励约束，严格责任落实，探索将信息进村入户纳入地方党委政府绩效考核。要以便捷高效的信息服务为主线，紧扣信息资源开展经营服务，不允许以盈利为目的进行物资商品的购销、广告推销以及开展金融、保险、担保产品等经营。

农业部办公厅

2017 年 6 月 15 日

第二节　农业部领导关于信息进村入户工作的讲话

一、陈晓华副部长在全国信息进村入户试点工作推进会上的讲话

陈晓华副部长在全国信息进村入户试点工作
推进会上的讲话

（2015 年 5 月 7 日）

这次会议的主要任务是，总结交流信息进村入户试点工作一年来的做法和经验，深入分析农业农村信息化面临的新形势，研究部署加快推进信息进村入户的任务措施。

党的十八大提出了四化同步的要求，农业部为了贯彻落实好中央的决策部署，进行了深入研究，采取了一系列措施。主要是从三个路径来推进。一是运用物联网实现农业生产经营过程的智能化控制。党的十七届三中全会的决定明确要求，要推进农业生产经营信息化。从近年的实践看，根本途径就是要通过物联网来实现优质、高效、节本。前年，我部在无锡组织开展了现场参观，去年又在天津武清和山东青岛的农交会进行了成果的展示和推介。尽管说物联网现在还主要是在设施农业和规模养殖中应用，但仍然是工作的主攻方向。只有用现代信息技术来改造传统农业才能使农业转型升级。解决好这个问题关键是要有成熟的技术和设备，要降低成本，使它能够广泛运用。二是运用互联网来为农民生产生活服务，也就是我们正在做的信息进村入户，包括生产资料的信息、生产技术的信息、电子商务等等。要想通过互联网来为农民提供便捷高效的服务，就要创新机制，所以我们要进行试点，试点的目的就是要找到一条可持续的模式，去年在南安进行了部署，今年在遂昌进行试点的总结和推广。可持续的模式找到了，这个问题就解决了。三是运用大数据、云计算推进农业电子政务，提高管理能力和水平，使决策更科学、更透明，提高效率。这个问题要想解决好就要打破部门体制的障碍，进行资源的整合，这件事情更难，还没有破题。把这个问题解

决好了，才能适应打造法治政府、服务型政府的要求，农业部门管理服务能力才能提升。

这次会议确定在浙江省丽水市遂昌县召开，有着特殊的意义。浙江历届省委、省政府高度重视"三农"工作，在加快转变农业发展方式、推进现代农业建设等方面始终走在全国前列，特别是近些年来在发展互联网经济、农村电子商务、信息进村入户等方面取得了丰硕的创新成果。浙江省已经成为全国信息经济发展的高地，不仅培育出了全球第二大的互联网企业——阿里巴巴集团，而且去年桐乡市乌镇被确定为世界互联网大会永久主办地，今年国务院还批准杭州市设立了全国首个跨境电子商务综合试验区；作为农村淘宝的发祥地，浙江省农村电子商务如雨后春笋般涌现发展，去年全省农产品电子商务交易额约 200 亿元，列全国首位，遂昌县是一个人口只有 23 万的山区小县，去年农产品电子商务交易额达到 4.1 亿元；在总结推广"农民信箱"经验的基础上，遂昌、平湖两个信息进村入户试点县都打造出了信息惠农的升级版，探索出了一些可复制可推广的经验和模式。这次会议把大家请来，就是想通过现场考察的方式，学习借鉴浙江省、丽水市和遂昌县的好经验好做法。昨天的参观、交流和刚才 10 个试点省（市）的汇报，让我们学到了经验，开阔了思路，特别是供销总社、气象局和国务院扶贫办 3 位司局长的发言，又给我们添加了力量、增强了信心。连续两年的中央一号文件都对信息进村入户作出部署，汪洋副总理对信息进村入户试点工作十分关心，在去年 7 月召开的全国现代农业示范区建设经验交流会上就指出要大做特做，在今年 3 月召开的全国春季农业生产暨森林草原防火工作会议期间，视察了益农信息社，对试点工作给予了充分肯定，在会上再次强调指出，信息进村入户是一个很重要的平台，搞好了，可以缩小城乡数字鸿沟，可以解决政务、经济事务、公益服务等诸多问题，关键是要探索出商业模式，实现可持续发展。我们要深刻领会，抓好贯彻落实。下面，我就结合大家的发言，讲几点意见。

一、充分肯定试点工作取得的进展和成效

自试点工作启动实施以来，10 个试点省（市）、22 个试点县认真贯彻落实中央一号文件的部署要求，在农业部的组织指导下，坚持以改革创新的精神，切实

加强组织领导，精心制订实施方案，狠抓各项措施落实，推进试点工作取得了重要阶段性成果。截至目前，已建成运营近4000个益农信息社，覆盖22个试点县行政村的60%以上，公益服务、便民服务、电子商务和培训体验服务已进到村、落到户，探索出了一些较为成功的市场化商业运行模式。试点工作的做法和经验主要体现在以下几个方面。

一是加强队伍建设，确保顺利实施。这是重要的基础和前提。各试点省（市）党委、政府分管负责同志多次主持召开专题会议，研究部署试点工作，各试点省（市）农业部门、试点县党委政府主要负责同志亲自抓、分管负责同志具体抓，试点省（市）、县普遍成立了试点工作领导小组及其办公室，为试点工作提供了组织保障。在试点过程中，始终把益农信息社管理和信息员队伍建设摆在重要位置，严格规范管理，加强人员培训，已培训信息员4658人次，其中骨干信息员1100人次，为每个益农信息社至少配备了1名信息员，建设了一支"有文化、懂信息、能服务、会经营"的新农人队伍。在益农信息社管理上，河南省、甘肃省通过建设县级运营中心和乡镇分中心，对益农信息社实行"麦当劳"式的管理模式。在信息员选聘上，江苏省亭湖区采取自主申报、村和乡镇两级推荐、县级农业部门与运营商共同审定的办法，将"要他当"变为"他要当"，保证了信息员的责任心和高素质。在信息员管理上，黑龙江省方正县制定了信息员服务绩效考评制度，并开展"星级"信息员评定活动，实行绩效奖励，提高了信息员的积极性和服务水平。河南对优秀信息员进行重奖，激励他们。

二是统一建站标准，整县推进试点。各试点省（市）、县严格按照有场所、有人员、有设备、有宽带、有网页、有持续运营能力的建站标准，分别在村委会、商超、合作社等地点建设标准型、简易型、专业型三类益农信息社，并统一设计制作了门牌、门头、标识，既保证了益农信息社的建设质量，又提高了服务的实用性和针对性。在推进过程中，始终坚持整县推进的思路，按照覆盖所有行政村、每个行政村至少建设1个益农信息社的要求，统筹规划布局，统一设施配置，有力有序推进，规模效益初步显现。江苏省已全面完成3个试点县益农信息社建设任务，并安排省级试点县12个，目前全省共建成1026个益农信息社。河南省鹤壁市浚县已全面完成建设任务，并辐射到淇县、淇滨区粮食高产创建示范区的行政村，共建成运行460个益农信息社。北京市在农民合作社等新型农业经营主体建设专业型益农信息社，开发"云农场"生产管理系统，已建成智慧农场230家，生产的蔬菜等农产品直配30家单位和30个城市社区，实现了生产与消费的直接对接。在新型农业经营主体建设专业型益农信息社也是一种办法一种思路，实际上，要首先把家庭农场、合作社、农业生产基地信息化搞好，用信息化来武装他们。

三是聚合各类资源，丰富服务内容。各试点省（市）、县政府和农业部门坚持以最大程度满足农民需求为出发点和落脚点，充分发挥组织协调作用，在确保政策、技术、市场行情等各类涉农部门服务资源率先上线的同时，积极引入电信、邮政、供销、金融、保险、水电、医疗等公用事业单位和相关企业的服务资源，丰富了信息进村入户服务内容，既创新了政府部门提供公共产品和公共服务的方式，又为相关企事业单位拓展农村市场创造了良好条件，让农民足不出村就能办想办的事。吉林省按照共建共享的思路，对各类涉农服务资源进行整合，改造建成了12316"三农"综合信息服务平台，去年已有8万多农户享受到测土配方施肥咨询服务，实现化肥电子商务交易量1.5万吨。湖南省浏阳市已将50多家农民合作社、100家农资企业纳入农资监管和农产品溯源系统。浙江省遂昌县积极探索"政企社"合作的路子，本着"不靠政府给钱、不向农民收费、不增企业负担"的原则，已将138项政务服务、52项市场服务整合落地到益农信息社，建成了"进一个门、办样样事"的服务超市，确实给老百姓带来了很大便利。

四是引入市场机制，形成推进合力。各试点省（市）、县坚持"政府引导、市场主体"的推进原则，充分发挥市场配置资源的决定性作用，积极引入相关企业参与试点工作，初步探索出了"羊毛出在牛身上"的利益置换模式，为信息进村入户可持续发展趟出了一条路子。在福建南安的现场部署会上，就有18家企业联合发出倡议，这18棵"青松"有的已经生根发芽，有的正在成长壮大。这次我们又新邀请了10多家有意愿、实力强的企业参会，中国电信、农业银行、京东、农信通、嘉言民生5家企业领衔发出承诺书，表示益农信息社建设到哪里，他们的服务就跟进到哪里，预示着信息进村入户的市场动力将更加强大。值得肯定的是，在参与过程中无论是国有企业还是民营企业都主动承担社会责任，在努力探寻企业新增长点的同时，始终把服务"三农"作为己任。比如，中国电信集团公司全面跟进 22 个县的试点工作，5 项免费和 5 项优惠政策全部兑现。农信通集团充分发挥运营企业的作用，积极商谈引入农资、电商、银行、保险、物流等企业参与运营。京东集团的电子商务已在河南、江苏等试点省的益农信息社落地。辽宁省农委已与省银联、省农行分别签署了战略合作协议，联合 8 个部门和企业组建了信息进村入户推进联盟。福建省尤溪县先后引入中国电信、世纪之村、阿里巴巴、农业银行、中国邮政、上农信等 10 多家企业，形成了"政府＋运营商＋服务商"共同推进的格局。

总的看，一年的试点工作取得了预期成效，为下一步的加快推进积累了经验。归纳起来，最重要的还是要有互联网的意识和用互联网的思维来看待事情。一是需求牵引，生产需要什么、农民需要什么，我们就通过这些技术解决什么。二是市场主体，要相信市场的力量，优胜劣汰。三是开放融合，不能搞封闭。四是多元共生。这些成绩的取得，是各试点省（市）、县党委、政府和各级农业部门高度重视、真抓实干的结果，是各有关部门、相关企业、有关科研教学单位大力支持、协同推进的结果。在此，我代表农业部向有关部门、企事业单位的关心支持和同志们的辛勤劳动表示衷心的感谢！

二、深刻认识加快推进信息进村入户的重要意义

党的十八大作出了新型工业化、信息化、城镇化、农业现代化同步发展的战略部署，首次将信息化提升到国家战略的高度。在这之后，党中央、国务院陆续出台了一系列促进信息化发展的政策措施。去年的中央经济工作会议和今年的十二届全国人大三次会议，提出要制订"互联网＋"行动计划，促进移动互联网、云计算、大数据、物联网等新一代信息技术与各行业融合发展，引领经济发展新常态，打造经济新的增长点。信息进村入户就是充分发挥互联网在生产要素配置中的优化和集成作用，推动互联网的创新成果与农业生产、经营、管理、服务全面深度融合，产生化学反应、放大效应，对于促进农业发展方式转变、提供经济发展新动力、创新农业行政管理方式、缩小城乡数字鸿沟具有重要的现实和战略意义。

第一，加快推进信息进村入户是促进农业发展方式转变的重要途径。当前，我国农业既受到价格"天花板"和成本"地板"的双重挤压，又面临补贴"黄

箱"和资源环境"红灯"的双重约束。这就要求我们必须坚定不移加快转变农业发展方式，走产出高效、产品安全、资源节约、环境友好的现代农业发展道路。信息进村入户可以借助互联网，充分发挥信息指导生产、引导市场的作用，实现消费需求与生产供给的精准对接；可以借助互联网，充分发挥物联网节本增效的作用，实现生产要素的高效配置；可以借助互联网，充分发挥电子商务降低流通成本的作用，实现流通方式的创新发展；可以借助互联网，充分发挥科技第一生产力的作用，给农业插上科技的翅膀。这些都将推动互联网与农业全产业链的渗透融合，构筑农业新的竞争优势，促进农业转型升级，加快实现农业现代化。

第二，加快推进信息进村入户是提供经济发展新动力的重要平台。经济发展新常态最突出的表现就是增速放缓，经济增长由高速增长转为中高速增长，去年GDP增长速度为7.4％，今年一季度降到7.0％，经济下行压力依然较大，稳增长、调结构任务依然艰巨。农业作为国民经济的基础，去年粮食生产实现"十一连增"，农民增收实现"十一连快"，为稳增长、调结构、促改革、惠民生发挥了定海神针的作用。农业要继续为国民经济平稳较快发展提供有力支撑，就要注入新要素，增添新动力。可喜的是，近年来，工商资本纷纷投向农业，据国家统计局调查，今年1—2月，农林牧渔民间投资达到544亿元，同比增长41.3％，增速比去年全年多4.7个百分点，远高于工业、房地产、基础设施行业。阿里、京东从去年开始分别实施"千县万村""渠道下沉"战略。去年已有10多家企业参与信息进村入户试点工作，还有不少企业都把农村看作"蓝海"，愿意借助信息进村入户这个平台开拓农村市场。我们要充分调动相关企业的积极性，为大众创业、万众创新提供良好的条件和环境，切实发挥消费对促进经济增长的基础性作用，培育农业农村经济新的增长点。

第三，加快推进信息进村入户是创新农业行政管理方式的重要抓手。提供公共产品和公共服务既是经济增长的重要引擎，更是政府部门的重要职责。信息进村入户可以帮助政府解决以前想办又办不好、办不了的事，最大的优势就是聚合各类资源，不仅能为农民提供公益服务，而且还能提供商业服务，更为重要的是通过建立"羊毛出在牛身上"的利益置换机制，可以实现公益服务的可持续，将会对现行的基层农技推广等服务带来重大变革。与此同时，随着信息进村入户的深入推进，益农信息社的不断增加，最终把全国60万个行政村连成一张大网，将来就可以实现农情直报，以最快的速度掌握基层的情况，可以实现财政补贴直补到户，防止跑冒滴漏，可以形成农业大数据，提高政府的决策能力和水平，向农户和新型农业经营主体精准推送所需信息。这些都将对农业行政管理方式带来深刻的影响，甚至是颠覆性的创新。

第四，加快推进信息进村入户是缩小城乡数字鸿沟的迫切需要。目前，城乡差距不仅表现在收入、教育、医疗、消费、就业和政府公共投入等方面，更应清醒地看到城乡之间存在较大的数字鸿沟，如果不尽快采取有效措施，信息化就将成为城乡差距的新表现。虽然我国已经成为世界第一互联网大国和电子商务大国，目前网民人数达到6.5亿，其中手机上网人数5.6亿，但农村仍有5万多个行政村没有通宽带，拥有计算机的农村家庭不足30%，还有70%以上的农民没有利用互联网；去年网络零售额达到2.78万亿元，占社会消费品零售总额的10.6%，估计农产品电子商务经营额达1000亿元以上，占农产品销售总额的3%左右，比社会消费品网络零售额占比低7点多个百分点。信息进村入户必将推动互联网与农业农村农民相融合，能够扩大农村信息消费，拉动农民手机用户快速增长，还能够形成工业品、农业生产资料下乡与农产品进城双向互动的流通格局，把世界带到村里、把村子推向世界，让农民与城里人一样享受信息化发展成果，有效缩小城乡数字鸿沟，促进城乡发展一体化。

深刻认识信息进村入户的重要意义，还要准确把握信息化特别是信息进村入户"四无"的特点和趋势。一是无所不在。信息化时代，网络、计算、软件、数据、知识、创新无处不在，互联网已经从一种工具发展成为一种动力。未来将是一个人人相连、物物相连、业业相连的世界，互联网如同水、空气一样，每个人都离不开。"互联网＋"必将对农业生产、农村发展、农民生活产生广泛而深刻的影响。二是无中生有。"互联网＋"代表一种新的经济形态。近年来，不仅在经济发达地区催生了很多互联网企业，而且为贫困地区、边远山区、资源匮乏地区带来跨越发展的难得机遇，可以将良好的生态环境通过电子商务转化为经济价值，像浙江遂昌、甘肃陇南、陕西武功、贵州铜仁等地农产品电子商务异军突起。可以预见，网络世界孕育着无限可能，未来农业物联网、农业大数据、农业信息服务还会涌现出许多新的企业和产业。三是无微不至。随着市场经济体制的不断完善，在互联网特别是电子商务的推动下，市场体系已由过去的以产品为中心转变为以消费者为中心，服务质量成为企业的核心竞争力，个性化、多样化的消费渐成主流。利用信息进村入户平台，无论是相关企业向农民提供各项服务，还是向城乡居民推销农产品，都要增强服务意识，提供无微不至的优质服务。四是无边风月。信息进村入户是承载大众创业、万众创新和公共产品、公共服务"双引擎"的重要平台，不仅能够直接带动上百万农村青年的创业就业，而且为相关企业开拓农村市场搭建了"高速路"，还为政府实施惠农工程装备了"直通车"，也是信息化时代我们党密切联系群众的一条新的"连心线"，必将形成"政府得民心、企业有钱赚、农民享实惠"的多赢局面，预示着信息进村入户的发展前景无限美好。

归结起来，我们要把握发展趋势，抓住历史机遇，以积极的姿态拥抱互联网，以满怀的激情加快推进信息进村入户。

三、扎实推进信息进村入户各项重点工作

今年试点工作的总体要求是，认真贯彻落实中央一号文件、政府工作报告、全国春季农业生产暨森林草原防火工作会议和中央领导同志的有关指示精神，按照全国农业工作会议的部署要求，紧紧围绕加快转变农业发展方式和现代农业建设的中心任务，坚持以改革创新为动力，积极推动互联网与现代农业融合发展，以满足农民生产生活信息需求为出发点和落脚点，加快推进步伐、继续扩大规模、集聚服务资源、完善运行机制、着力提升能力，推动信息进村入户试点工作有力有序有效开展，为下一步复制推广探出路子、积累经验。

未来几年的总体考虑是，今年新安排试点省 10 个左右，明年覆盖到所有省份，并在试点县中认定一批示范县，2017 年扩大到 1/10 以上的县，力争到 2020 年基本覆盖到所有县和行政村。今年的具体安排是，首批 10 个试点省（市）要在全面完成 22 个试点县试点任务的同时，每个省份至少新增 5 个试点县；新增的试点省份，每省至少确定 2 个试点县；今年新增的试点省、试点县都将采取县省申报、专家评审、部里认定的方式予以确定。其他未列入部里试点的省份，按照部里印发的通知、方案和指南要求，严格标准和程序，可选择 1—2 个县报部里备案后自行试点。

按照以上的总体要求和安排，今年要重点做好以下几项工作。

（一）突出抓好公益服务上线

公益服务是信息进村入户四项服务的核心，便民服务、电子商务和培训体验服务都要围绕和支撑这个核心来开展。要加快12316服务热线升级改造，建成运行全国统一的12316呼叫中心，为农民提供便捷高效的信息咨询服务。优先整合农业部门信息资源，确保农业政策法规、新品种新技术、动植物疫病预测预报与诊断防治、农产品市场行情、农产品质量安全监管、农机作业调度、农村"三资"管理等信息服务资源率先上线。同时加强与有关涉农部门的合作，积极推动教育、医疗、村务公开、就业务工等信息的发布和公开，最大程度满足农民的信息需求。

（二）着力丰富便民服务内容

开展便民服务，不仅能增加益农信息社的人气，给信息员带来一定收入，而且能为相关企事业单位拓展业务提供广阔空间。要本着"共享、融合、变革、引领"的互联网理念，加强与电信、银行、保险、供销、交通、邮政、医院、水电气等单位的合作，根据试点县和农村社区的实际情况，有针对性地引入更多的服务资源，制定服务目录清单并向农民告知，让农民群众足不出村就能享受便捷服务。

（三）强力推进电商进村

发展农业电子商务是全国农业工作会议上部署的20项重点工作之一。我部正在和商务部等有关部门一起调研，并准备就农产品电子商务下发一个指导意见。信息进村入户是发展农业电子商务的一条重要渠道，也只有把电子商务搞好了，信息进村入户才可持续。在推进农业电子商务上，我们要有开放包容的心态，只要对农民有利，我们都欢迎、都支持。要正确处理好政府与市场的关系，充分发挥市场配置资源的决定性作用，农业部门要会同有关部门切实履行好统计、标准、监管等职责。要以农产品和农业生产资料为重点，抓好试点示范，组织专业大户、家庭农场、农民合作社、农业龙头企业等新型经营主体与电商平台对接，把本村的优质农产品卖出去、卖上好价钱，还能够让农民买到质优价廉的农业生产资料和生活消费品，帮助农民实现节支增收。

（四）切实搞好培训体验服务

现代信息技术的最大魅力就是体验，感知现代信息技术是其推广应用的前提和基础。要把益农信息社建设成为现代信息产业新技术、新产品的发布推广平台，建设成为"互联网＋"行动计划在农村落地的示范平台，引导运营商、服务商为益农信息社提供免费 Wi-Fi、免费拨打 12316、免费视频通话、免费信息查询、免费在线培训和阅读等服务资源，充分发挥信息员的示范指导作用，帮助村民查询信息、网上购物，让每一个农民群众都能分享到现代信息产业发展的成果。

（五）探索创新信息监测方式

数据信息是最重要的生产要素和社会财富。按照中央领导同志的指示要求，要把中国特色的农业信息监测预警体系建设优先纳入"十三五"相关规划，目前国家有关部门正在组织制订的"互联网＋"行动计划和大数据示范工程，都对农业信息监测预警体系予以了考虑。乡村是全国农业农村经济的神经末梢。各试点县要充分利用信息进村入户这个平台，采集监测农情、灾情、动植物疫情、市场行情、社情民意等信息，同时加强分析预警，搞好信息发布与精准推送，切实发挥信息指导生产、引导市场、服务决策的作用，为农业大数据建设积累数据、探索路子、打好基础。

（六）建立健全市场化运营机制

探索信息进村入户商业化模式，建立市场化运营机制，是信息进村入户成败的关键。这项工作在相关企业的积极参与下，已经取得初步成效，有的省已经确定了省级运营主体或运营联盟，试点县基本上明确了负责运营和提供服务的市场主体。但这项工作确实很难。我们必须迎难而上，大胆探索创新，吸引更多的国有企业、民营企业加入到信息进村入户中来，按照现代企业制度的改革取向，建立产权清晰、权责明确的股份合作企业，有条件的试点省份、县要有序实施混合所有制改革，以此建立健全信息进村入户市场化运营机制。同时，要制定落实好政府购买服务的有关政策，支持运营商、服务商协同配合、发展壮大。

（七）强化风险防控制度建设

信息进村入户是一项系统工程，必须牢固树立风险意识，加强制度体系建设，确保有力有序推进、规范高效运行。针对可能出现的各类风险，各试点省份、县都要研究制定相应的管理制度和应急预案。对益农信息社的建设运营、信息员的选聘管理、资源的共建共享、参与企业的进入退出、试点工作的绩效考核都要分门别类地制定管理办法或标准规范，做到成熟一个、出台一个、实施一个。同时，要强化制度执行，严格激励约束，严肃追究责任，确保监管有效、风险可控。

（八）加快研发运行全国统一平台

加快建设信息进村入户全国统一平台，是加强管理的迫切需要，也只有全国统一平台的运行，才能发挥集聚资源、挖掘数据价值的作用。这项工作，中国电信积极主动，已经联合有关科研教学单位正在抓紧研发设计，力争7月份上线运行。部里正式部署上线后，所有的益农信息社都要接入全国统一平台。顺应移动互联网快速发展的趋势，抓紧研制与全国统一平台协同运行的家庭版、村社版等移动终端应用系统。在全国统一平台上线前，各试点省份、县要利用运营商提供的信息系统，开展在线服务，做好运营管理。同时要抓紧研究现有信息系统与全国统一平台的对接问题。需要特别强调的是，要把信息安全能力建设贯穿到全国统一平台和重要信息系统的研发设计、部署运行的全过程。

四、切实加强信息进村入户的组织领导

信息进村入户是一件新生事物，目前还处在起步阶段。从一年来的试点实践看，哪个地方的领导重视、组织有力，哪个地方的试点工作进展就快、成效就好。我们必须把信息进村入户作为农业部门贯彻实施"互联网＋"行动计划的一项重要工作来抓，摆到突出位置，切实抓紧抓好、抓出成效。

一是加强组织领导。各试点省份、县都要成立或调整充实信息进村入户工作

领导小组，试点省份农业部门要积极争取省政府分管秘书长担任领导小组组长，主要负责同志和分管负责同志担任副组长，相关涉农部门负责同志作为成员，明确农业信息化业务主管处（室）承担领导小组日常工作；试点县要成立由县委县政府领导挂帅的领导小组，农业部门负责具体落实工作。要认真贯彻落实中办、国办《关于深入推进农村社区建设试点工作的指导意见》，积极争取将信息进村入户纳入"十三五"相关规划中，确保信息进村入户扎实深入推进。

二是坚持整县推进。我们把县的数量控制得比较紧，就是要在有条件的地方来进行整县推进，只要县委县政府重视，这件事就能办成。整县推进的目的就是在县域范围内尽快形成规模，只有益农信息社增加到一定的数量，才能降低运营成本、发挥规模效应，也才能吸引更多的企业。要坚持整县推进的工作思路，抓好以点带面，力争利用一年的试点时间覆盖到试点县的所有行政村。创新益农信息社和信息员的选建、选聘机制，落实乡镇、村"两委"的职责，严格标准和条件，真正实现由"要他建"变为"他要建"，确保建一个、成一个、运行一个。

三是严格统一标准。没有规矩不成方圆。只有统一标准，才能确保服务质量，关键是不要把益农信息社的牌子给砸了。只要符合标准，愿意在信息进村入户统一平台上运行，不管是谁建设的村级信息服务站，都可以经省级农业部门认定后加挂益农信息社的牌子。要坚持公开、透明的态度，建设的主体可以是各式各样的，但是必须规范管理，要坚持按照有场所、有人员、有设备、有宽带、有网页、有持续运营能力的"六有"标准建站。由省里按照部里的要求统一设计门头门牌标识、统一编号，公布监督电话，主动接受社会监督。信息化一定要用一种新的思路来认识和处理，组织方式要调整和变化。研究制定各项服务标准，推行益农信息社服务标准化建设，开展星级或示范益农信息社评定，努力把益农信息社建设成为服务"三农"的第一窗口和知名品牌。

四是加强信息员队伍建设。信息员队伍是益农信息社运行的根本保障。要在严格按照标准选聘信息员的基础上，切实加强信息员的上岗培训和知识更新培训，确保信息员能够随着信息技术的发展和服务内容的不断扩展，为农民提供所需的各种服务。部里为了做好这项工作，今年继续安排了13期信息进村入户专题培训班，还在50期大学生村官创业班设置了农业电子商务课程，各有关省要组织落实好学员，确保高标准、高质量完成培训任务。各试点省也要根据试点工作安排和进展，切实抓好信息员培训工作。

五是强化督导考核。从前期试点工作来看，加强督导考核对于试点顺利推进十分重要。各试点省份、县都要建立信息进村入户试点工作督导组，坚持目标导向，强化过程管理，定期或不定期深入基层和益农信息社督促检查试点工作，及时发现问题，督促整改落实。同时，鼓励支持试点省份、县探索建立绩效考核制度，将试点工作纳入地方党委政府绩效考核指标体系或单独进行绩效考核，严格兑现奖惩，确保信息进村入户试点工作取得实实在在的效果。

同志们，信息进村入户是中央明确的一项重要任务，各级农业部门一定要在各级党委政府的领导下，锐意进取，攻坚克难，开拓创新，努力把信息进村入户打造成"互联网＋"行动计划在农村落地的示范工程，为转变农业发展方式、加快实现农业现代化做出更大的贡献！

二、余欣荣副部长在全国信息进村入户工程推进工作视频会议上的讲话

余欣荣副部长在全国信息进村入户工程
推进工作视频会议上的讲话

2016 年 11 月 10 日

今天，我们召开全国信息进村入户工程推进工作视频会议，主要任务是，深入学习贯彻习近平总书记系列重要讲话特别是有关发展农业农村信息化的重要指示精神，进一步部署落实全国"互联网＋"现代农业工作会议暨新农民创业创新大会精神，以问题为导向，突出研究目前农业互联网的"网"和"端"建设，运管、应用这个"短板"，重点总结两年多来信息进村入户试点工作的成效和经验，分析存在的困难和问题，研究部署当前和今后一段时期的重点工作，大力推动信息进村入户迈进工程化、全面化的新阶段，有力支撑农业现代化加快发展和全面建成小康社会。

9 月初在江苏苏州召开的全国"互联网＋"现代农业工作会议暨新农民创业创新大会在我国农业信息化发展进程中具有里程碑意义。会议以习近平总书记重要指示精神为指导，汪洋副总理对发展我国农业信息化作了全面、深刻阐述，韩长赋部长提出了贯彻会议"六件大事"的要求，部农业信息化领导小组及时开会部署。各级农业部门要把贯彻会议精神当作重要工作来抓，全面、系统地学习领会会议关于农业信息化发展的精神，在弄懂弄通上下功夫。要联系实际，体现以人民为中心的思想，突出重点、难点贯彻落实，不能眉毛胡子一把抓，不能图一时热热闹闹。部里就贯彻落实会议精神梳理了十几项工作，同时又提出几项重点工作，今天的信息进村入户工程推进工作视频会议就是坚持问题导向、突出重点难点的抓法。

刚才，辽宁省农村经济委员会、江苏省盐城市亭湖区的负责同志介绍了他们推进信息进村入户试点工作的好经验好做法，值得借鉴推广；赵春江同志代表信息进村入户专家组从"云、网、端"基本架构进行了技术讲解，很有科学性和指导性；唐珂同志通报了信息进村入户工程推进方案，提出了推进的方式方法和工

作安排。冬玉同志还将作具体部署。下面，我就推进信息进村入户工程，讲三点意见。

一、信息进村入户试点工作成绩来之不易，经验弥足珍贵

党中央、国务院对信息进村入户高度重视。2014 年以来，连续三年的中央一号文件都对信息进村入户试点工作提出明确要求，在此期间，国务院出台的"互联网＋"行动、大数据发展纲要、全国农业现代化规划等重要文件都对信息进村入户作出具体部署。两年多来，农业部和地方各级党委政府以及农业部门认真贯彻落实党中央、国务院的部署要求，在有关部门的大力支持下，信息进村入户试点工作取得了重要阶段性成果。截至目前，试点范围从 10 个省（市）22 个县扩大至 26 个省（区、市）116 个县，已建成运营益农信息社 2.4 万个，累计为农民和新型农业经营主体提供公益服务 630 万人次，开展便民服务 1.1 亿人次，涉及金额 39 亿元，实现电子商务交易额 21 亿元。

重要阶段性成果还表现在：试点地区多数都成立了由党委或政府分管负责同志为组长的领导小组，以及由农业部门牵头、有关部门为成员的工作机构，信息进村入户领导体制和工作机制基本建立；组建了运营商和各类服务商共同参与的运营公司或联盟，信息进村入户市场化运营机制初步形成；一些地方农业部门和其他涉农部门以及企事业单位的服务资源得到初步整合共享，服务内容和手段不断丰富，涌现出一批好的典型和模式，信息进村入户各项服务基本落地。

更为重要的是，信息进村入户已经成为一种理念深入人心，成为一项民生工程，得到广大干部群众的纷纷赞许。当前，地方各级领导干部甚至于省市高级干部谈到农村的创新，都把农业农村信息化特别是信息进村入户当作新的重要抓手，信息化在贯彻落实新发展理念上应先行一步的要求已经见诸实践。当然，由于信息进村入户建设起步才两年，它和农村信息化其他工作一样，对我们多数同志来讲既是一件新事，更是一件难事，因而各种问题还不少。可贵的是，各地都注意利用信息进村入户这个试验平台，大胆探索创新，认真总结，形成了一些重要的宝贵经验。这些经验概括为以下"四个坚持"。

一是推进信息进村入户必须坚持突出农村特色和农户需求。农村不同于城市，农户的需求也有别于城市居民。在试点工作中，我们坚持"全要素、全过

程、全系统"的理念，以满足农民生产生活的信息需求为出发点和落脚点，防止照抄照搬工业和城市的做法，把村级益农信息社建设作为重点，统筹整合农业公益服务和农村社会化服务两类资源，提升村级综合信息服务能力，既为农户提供农技推广、政策咨询、补贴查询、动植物疫病防治、农机作业指导等公益性服务，又为农民改善生活提供高效便捷服务，基本探索出一条农村与城市互联互通、利益共享的，具有我国农村特色的农业农村信息化发展道路。

二是推进信息进村入户必须坚持"政府主导、市场主体、农民主人"的原则。这是贯彻落实习近平总书记以人民为中心思想的具体体现。信息进村入户是党中央、国务院从满足农民需求出发作出的一项战略部署，是整个国家包括农村信息化工作的一个组成部分，要全面、及时、优质地满足农民的各项需求，因此不能由政府包打天下，必须充分发挥市场配置资源的决定性作用，但同时它又具有公益性、民生性，不是纯粹的商业行为，光靠市场不行，需要发挥政府的主导作用。在试点工作中，我们指导试点省、县加强组织领导，制定完善规划和标准，加大政府投入，强化绩效考核，为信息进村入户顺利推进提供了有力保障。汪洋副总理在全国"互联网＋"现代农业工作会议暨新农民创业创新大会上特别指出，农业农村信息化关键是建立起能够持续的商业模式，这就要求我们把"政府主导、市场主体、农民主人"的理念落到实处。信息进村入户的根本动力是市场化，企业和农民是主体。我们敞开大门搞试点，让企业唱主角，充分调动相关社会主体投资建设、参与运营的主动性、积极性，为信息进村入户可持续发展提供了强劲动力。同时，我们既让农民参与，又让农民满意，服务项目和标准由农民评判，确保了信息进村入户的方向不偏、服务质量不断提高。坚持"政府主导、市场主体、农民主人"的原则，形成了各类服务资源相依相进的动力机制，增强了基层信息服务能力，实现了政府得民心、企业有钱赚、农民得实惠的格局。

三是推进信息进村入户必须坚持线上线下融合发展。随着互联网加速向农业农村延伸、渗透、融合，"线上农业"初见雏形，并且作用日益凸显。在试点工作中，我们坚持把信息进村入户作为推进"线上农业"与"线下农业"融合发展的重要抓手，加强信息基础设施建设，大力推动信息服务、电子商务、农业物联网、农业农村大数据发展，强化互联网与农业生产、经营、管理、服务和创业创新的深入融合，积极探索线下农业的数字化、智能化改造，一二三产业融合发展，涌现出"云农场""订制农业""互联网农业小镇"等一大批新的商业模式和经济业态，促进了农业供给侧结构性改革，为农村大众创业万众创新提供了重要平台。实践表明，"线上农业"与"线下农业"融合发展、统筹推进是信息进村入户的生命力所在，必须在融合统筹上下功夫，才能保证信息进村入户可持续、上台阶。

四是推进信息进村入户必须坚持构建统一的综合信息服务平台。当前，各行业各领域和有关企业发展农业农村信息化的热情都很高，但普遍存在各自为政、单兵突进的问题，碎片化、孤岛化的现象较为突出，有的只顾赚钱、不讲服务，互联网的集聚共享效应没有得到充分发挥，所以赚钱也是短期的。针对这些问题，我们指导试点地区聚合教育、卫生、就业、气象、电信、邮政、银行、保险、供销、电商等涉农资源，构建集公益服务、便民服务、电子商务和培训体验服务于一体的综合信息服务平台，并将这些服务资源延伸汇入益农信息社，让农民进一个门，就能办样样事。综合信息服务平台的统一构建和共建共享，不仅创新了农技推广等公益服务方式，而且为农民网上挂号、小额取现等便民服务提供了便捷通道，还开辟了农产品网络销售的途径，取得了公益性服务与经营性服务相互支撑、相得益彰的良好效果。

从试点工作的成绩和经验看，信息进村入户带动农业农村信息化加快发展的作用越来越大，已经具备由试点转向全面推开的基础和条件。我们要抓住机遇，乘势而上，更加积极主动地全面加快信息进村入户工程的实施。

二、进一步提高认识，理清思路，迅速把信息进村入户推向新阶段

信息进村入户是党中央、国务院交给农业部门牵头推进的一项重要工作，既是一项政治任务，又是一项民生工程，也是农业部门转方式、强职能的重要抓手和途径。面对复杂艰巨的工作任务，要在2020年前把信息进村入户基本覆盖到所有行政村，我们必须要迅速把思想和行动统一到习近平总书记的重要指示精神上来，认真贯彻落实汪洋副总理在全国"互联网＋"现代农业工作会议暨新农民创业创新大会上的讲话精神，以更加积极主动的态度，采取更加有力的措施，确保把信息进村入户工程推向新阶段、取得新成效。

　　第一，要认真学习、深刻领会中央领导同志有关发展农村互联网的重要指示精神，切实增强推进信息进村入户工程的责任感、紧迫感。今年以来，习近平总书记在网络安全和信息化工作座谈会、中央政治局第36次集体学习等多个场合，都就互联网和网络信息技术发展发表了重要讲话，并强调指出：相比城市，农村互联网基础设施建设是我们的短板。要适应人民期待和需求，加快信息化服务普及，为老百姓提供用得上、用得起、用得好的信息服务；要加大投入力度，加快农村互联网建设步伐；可以瞄准农业现代化主攻方向，提高农业生产智能化、经营网络化水平，帮助广大农民增加收入；可以发挥互联网在助推脱贫攻坚中的作用，让农产品通过互联网走出乡村。李克强总理也多次就加快推进互联网与现代农业等的融合发展提出明确要求，强调要加快农村和老少边穷地区信息基础设施建设步伐，缩小"数字鸿沟"，要让村里人也应该与城里人享受同样的信息消费服务。汪洋副总理对信息进村入户十分关心，亲自倡议，多次强调要大做特做，特别是在全国"互联网＋"现代农业工作会议暨新农民创业创新大会上明确指出，要进一步加强信息进村入户工作，加快搭建多层次"互联网＋"现代农业服务平台。中央领导同志的重要指示精神，为把信息进村入户推向新阶段指明了方向，提出了明确要求。韩长赋部长一直以来高度重视农业信息化特别是信息进村入户建设，多次召开会议作出部署安排。我们要认真学习，深刻领会，切实抓好贯彻落实。要充分认识到农业农村信息化是整个国家信息化的短板，也是农业现代化的短板，而"网"和"端"制约了农业农村信息化的发展。我们要坚持问题导向，把信息进村入户作为解决"网"和"端"问题的有效手段和落地的重要抓手，尽快补齐农业农村信息化这个短板，以此搭建一个覆盖农村、涵盖农业、互通城乡、推动农业现代化加快发展的新平台。

　　第二，要依据国家信息进村入户工程的要求，科学规划，有序推进，确保到2020年实现基本全覆盖的目标。信息进村入户是一项牵一发而动全身的系统工程，各地的认识水平和基础条件也有很大差异，但又有许多共同的条件。一是农业农村经济发展为信息进村入户打下了良好的基础。二是"宽带中国"战略的实施，基本实现了农村网络体系的全覆盖。三是高速公路和物流体系建设延伸到村，就有可能把山村里的农产品，通过线上线下农业的统筹构建，送到城市，送到全国，送向世界。四是农业部门的人才基础得到明显加强。因此各地要树立全国一盘棋的思想，还要注重以省为单位来推进，这样信息进村入户工程才能持续健康发展。各地要把信息进村入户工程作为推进农业农村信息化的首要任务来抓，按照《"十三五"农业农村信息化发展规划》和《农业部关于全面推进信息进村入户工程的实施意见》的部署要求，结合实际制订推进计划和工作方案，坚定目标不动摇，画好施工图，建好施工队，明确时间表，倒排工期，强化责任，确保各项工作有力有序推进。

我这里要特别强调的是，大家要认真学习、研究农业部下发的《关于全面推进信息进村入户工程的实施意见》，意见对这项工程的四梁八柱、四至边界都规定得很清楚了。如果有不明白的要及时与部市场与经济信息司沟通汇报，切不可自己另外搞一套。因为农业农村信息化是全网络、全系统的工作，要有统一的标准，如果各地单独搞自己的一套，就不能互联互通，这方面要处理好各省和全国的关系，各省必须按照全国的总体要求编制规划，各省近年来开展的农业农村信息化工作都要按标准接入。否则，上下接口对接不上，就又是一个信息"孤岛"。

在具体实施中，要既讲战略又讲战术，关键是抓住"命门"，要进一步做到"三个明确"。一是明确重点是什么。信息进村入户工程的重点就是把益农信息社这个"端"建好，把通往农村的信息高速公路这个"网"修通、管好、经营好，按照汪洋副总理要求把能够持续的商业模式建起来。就像高速公路一样，光建好，没有好的管理机制、好的经营主体管理经营同样是不行的。二是明确怎么干。就是各省份都要不等不靠，把以县为单位试点提升为整省推进，同时农业部将分期分批建设示范省，以此带动全国快速高质量推进。之所以要将以县为单位试点提升为整省推进，是由互联网本身的规律所决定的。第一个原因是以县为单位试点，网络只覆盖县级，再往上就成了"断头路"；第二个原因是以县为单位，一个县只有数百个村，规模太小，利润太低，市场主体不愿意进来；第三个原因是以县为单位，不便于管理，容易形成信息"孤岛"。以省为单位整省推进，就能比较好地解决这三个问题，把盆景变为风景。三是明确怎么抓。就是要推动成立省委省政府负责同志为组长的工程领导小组，成立由农业部门牵头、有关部门和参与企业共同组成的工作机构，充分调动运营主体的积极性，尽快形成政企合作、市场化运营的可持续发展机制。

第三，要以我为主，整合资源，尽快形成政府、企业和农民合力推进的工作

格局。现在，农民对信息服务的需求越来越迫切，不少部门和企业都开始在农村设点建站，为农民提供信息服务这是好事，但一定程度存在打乱仗的现象，出现了重复建设和资源分散浪费的问题。农业部门最了解农村、最熟悉农业、最贴近农民，为农民提供综合信息服务具有天然优势，也是义不容辞的责任。农业部门要认真落实汪洋副总理关于"农业部门要主动发挥牵头作用，其他有关部门要按照分工积极配合，形成合力"的要求，要以舍我其谁的担当精神，主动入位、增强自信，大张旗鼓地牵好这个头、扛起这杆旗，以开放的姿态，积极吸收相关部门、有关企业和社会各方力量广泛参与、密切配合。农民对信息服务的需求是多样的，涉及生产生活的方方面面，要把教育、卫生、就业、气象、电信、邮政、银行、保险、供销等资源以及公益服务、便民服务、电子商务和培训体验等服务，逐步整合汇聚到益农信息社，最大程度丰富服务内容，不断提高服务质量，满足农民对信息服务的多样化需求。要进一步明确政府修路、企业运营、社会跑车、农民取货的职责定位，形成"政府＋运营商＋服务商"三位一体的建设运营机制，确保把信息进村入户建设成为让中央满意、受农民欢迎的民生工程。

三、准确把握推进信息进村入户工程的几个重大关系

信息进村入户工程承载着农业强、农村美、农民富的愿景梦想，极具复杂性和挑战性。要确保信息进村入户工程在 3 年左右的时间建成竣工，经得起历史和实践的检验，我们必须准确把握和处理好以下几个重大关系。

一要处理好统筹推进和主攻短板的关系。信息进村入户工程就是要把全国近 60 万个行政村逐步地连成一张大网。这个大网的基本架构就是"云、网、端"，"云"相当于人的大脑，是一种集中统一的计算和服务架构；"网"相当于人的血管和神经系统，是连接云和端的通信设施；"端"相当于人的四肢、五官和皮肤，是用户接入云的终端设备。这三者构成了信息进村入户的有机整体，需要统一设计，统筹推进。从现实需要看，"网"和"端"是目前迫切需要解决的短板，是全局的关键和命脉，也只有把"网"和"端"的问题解决好了，"云"才有连接的基础。当前，要把"网"和"端"的建设摆到优先位置，加强农村网络基础设施建设，让宽带网络通向乡村和农户，加快益农信息社的覆盖，让益农信息社全面动态准确感知农村经济社会发展脉搏。

二要处理好政府、运营商和服务商的关系。信息进村入户兼具公益性和经营性，既要充分发挥市场主体的决定性作用，又要更好地发挥政府的主导作用，既要分清政府与运营商和服务商的职责定位，又要相互配合，形成命运共同体。政府的主要职责是修路组网，路各修各的不行，要集中力量修通修好一条信息高速公路，建立规章制度，提供公益服务；有了路没车也不行，运营商的主要职责就是组建车队，整合各类商业服务资源，抓好建设运营和服务落地；有了路有了车没有货也不行，服务商的主要职责就是备足货源，提供货真价实的服务产品。这三者缺一不可，只有做到"三位一体"，才能有效整合各类服务资源，才能使公益性服务与经营性服务相得益彰，才能真正打通农村信息服务"最后一公里"，实现推进信息进村入户的初衷和目的。

三要处理好综合性建网和包容性运营的关系。在现实生活中，一块地方一个单位建一条"高速公路"，几十条几百条高速公路各跑各的车，那大家肯定不赞成。互联网世界同样是如此。因此，农业部门要按要求，切实担负起建设"农村信息高速公路"即信息进村入户网络的历史责任。但同时又必须在党委和政府的领导下，积极争取各方面的信息业务，建设综合性的业务网络。正确处理好一张网与丰富多样的服务业务之间的关系，是这项工作成功的关键。

四要处理好"线下农业"和"线上农业"的关系。"线下农业"是"线上农业"发展的基础，"线上农业"又带动"线下农业"的提质增效、转型升级，在信息化时代，需要两者共同发力，协同推进农业现代化加快发展。我们不能为了信息化而搞信息化，发展农业农村信息化，推进信息进村入户，一定要以建设智慧农业为目标，注重落地见效，围绕农业现代化建设特别是当前农业供给侧结构性改革的主攻方向，加快农业生产智能化、经营网络化、管理数据化、服务在线化，以信息流带动技术流、资金流、人才流、物资流向农业农村汇集，带动农业市场化、倒逼标准化、促进规模化、提升组织化、引导品牌化，做大做强数字农业，为农业农村经济发展培育新动能、增添新活力、拓展新空间。

五要处理好硬件建设和能力培育的关系。推进信息进村入户工程，既要加强网络、传感器、益农信息社等硬件建设，更要注重农民信息化应用技能的提升。在这两方面，不能顾此失彼，政府和参与企业都要加大投入力度，加快建设进度。在硬件建设上，要探索建立政府补贴机制，按照"六有"标准，重点建设益农信社。在能力培育上，要选择基础条件好、辐射带动能力强的地区，建设信息进村入户区域培训中心，采取上岗培训、知识更新培训、专题培训等方式，打造一支有文化、懂信息、能服务、会经营的信息员队伍。要利用好基层农技推广体系，将村级信息员队伍建设与基层农技推广队伍的信息化服务能力提升结合起来。

这里特别强调一下，要大力开展农民手机应用技能培训工作。部里已经就此专门作了全面部署，各地也都动起来了，但据反映，重视程度还不一样。部里准备把这项工作列入明年为农民办实事的重要内容，通过培训让农民运用手机成为一种习惯，提高发展生产、便捷生活、增收致富的能力。要加强农业农村信息化关键核心技术和产品的研发推广，切实把信息技术转化为生产力。特别需要强调的是，各级干部尤其是农业系统的干部要深入贯彻落实习近平总书记的重要讲话精神，加强农业信息化知识、理论的学习钻研，不仅自己带头学，还要组织干部学习，千万不能满足于一知半解，耽误事业发展。要努力提高互联网思维、信息化意识，遵循信息化和互联网发展规律，并善于应用到农业农村工作中去，创造性地开展工作，尽快成为农业信息化的行家里手，不断提高对农业信息化发展的驾驭能力，牢牢把握现代农业发展的主动权、主导权。

同志们，今天的会议标志着信息进村入户转入全面推进的新阶段。习近平总书记指出，网信事业在践行新发展理念上要先行一步，互联网在推进供给侧结构性改革上大有作为。我们要始终牢记使命，服务三农，不忘初心，继续前进，紧密团结在以习近平同志为核心的党中央周围，锐意进取，攻坚克难，勇于担当，开拓创新，努力把信息进村入户打造成为"互联网＋"现代农业在农村落地的示范工程，为全面建成小康社会做出贡献。

第三节 河南省信息进村入户政策性指导文件

一、河南省人民政府办公厅关于印发河南省开展信息进村入户工程整省推进示范加快"互联网＋"现代农业发展实施方案的通知

河南省人民政府办公厅关于印发河南省开展信息进村入户工程
整省推进示范加快"互联网＋"现代农业发展实施方案的通知

豫政办〔2017〕105 号

各省辖市、省直管县（市）人民政府、省人民政府各部门：

《河南省开展信息进村入户工程整省推进示范加快"互联网＋"现代农业发展实施方案》已经省政府同意，现印发给你们，请结合实际，认真贯彻落实。

河南省人民政府办公厅

2017 年 9 月 14 日

河南省开展信息进村入户工程整省推进示范
加快"互联网＋"现代农业发展实施方案

为开展信息进村入户工程整省推进示范，加快"互联网＋"现代农业发展，根据《中共中央 国务院关于深入推进农业供给侧结构性改革加快培育农业农村发展新动能的若干意见》和《河南省人民政府关于印发河南省"互联网＋"行动实施方案的通知》（豫政〔2015〕65 号）有关精神，结合我省实际，制订本实施方案。

一、总体要求

（一）重要意义

"互联网＋"现代农业综合利用信息时代的新技术新手段，促进农业与装备、技术、信息、生态、文化深度融合，推动农业生产智能化、经营网络化、管理高效化、服务便捷化，是实现农业现代化的重要途径。加快"互联网＋"现代农业发展是党中央、国务院作出的重大决策，是顺应信息经济发展趋势、补齐"四化"短板的必然选择，是全面建成小康社会、实现城乡发展一体化的战略支点，是农业现代化水平的重要标志。全面推进信息进村入户工程是发展"互联网＋"现代农业的基础性工程，对我省培育农业农村发展新动能、提升农业农村信息化服务水平、带动返乡下乡人员创业创新、加快建设现代农业强省具有重要意义。

（二）指导思想

全面贯彻落实党的十八大和十八届三中、四中、五中、六中全会精神，深入学习贯彻习近平总书记系列重要讲话精神和治国理政新理念新思想新战略，牢固树立创新、协调、绿色、开放、共享的发展理念，紧紧围绕建设现代农业强省，以打造现代农业综合服务平台为目标，以线上线下农业融合发展为主线，着力加强农业信息基础设施建设，着力推进资源聚合和机制创新，着力完善农业信息服务体系，加快形成以农业部门为主、各有关部门通力协作、政府全力支持、市场主体积极参与、基层干部群众真心拥护的建设和发展格局，尽快修通修好覆盖农村、立足农业、服务农民的"信息高速公路"，为实现农业现代化和全面建成小康社会提供强大动力。

（三）基本原则

1. 坚持服务村户发展。紧紧围绕村户发展实际需要，以为农民提供便捷高效信息服务为着眼点和落脚点，夯实全要素、全过程、全系统的农村信息服务基础，切实提高农民群众运用信息发展生产、改善生活、增收致富的能力。

2. 坚持统筹协同推进。加强顶层设计和整体规划，增强工作的整体性、系统性，统筹发挥政府和市场作用，集聚相关部门、行业、领域的资源和力量，各方协同、上下联动、共建共用，形成开展信息进村入户工程整省推进示范、加快"互联网＋"现代农业发展的合力。

3. 坚持体制机制创新。立足当前、着眼长远，采取开放式设计，留足创新空间和对接端口，依靠技术应用创新、建设运营机制创新、服务模式创新，形成政府为主导、市场为主体、农民为主人的可持续发展格局。

4. 坚持线上线下融合。加快实体农业的数据化、在线化改造，以信息流带动技术流、资金流、人才流、物资流等各种生产要素向农业农村集聚，形成线上农业和线下农业融合发展，实现产业链重构、供应链畅通、价值链提升。

（四）总体目标

到 2017 年年底，建成运营 37600 个益农信息社，覆盖全省 80％以上的行政村；到 2018 年年底，全省所有行政村基本实现一村一家益农信息社；到 2020 年年底，形成比较完善的信息进村入户服务网络和运行机制，实现服务延伸到村、信息精准到户，支撑农业农村经济社会发展的能力大幅提升。

二、主要任务

（一）建设益农信息社

1. 建设标准。按照"有场所、有人员、有设备、有宽带、有网页、有持续运营能力"的"六有"标准，建设益农信息社，确保网络全覆盖、服务无盲区、运营可持续，实现普通农户不出村、新型农业经营主体不出户就可享受便捷、高效的信息服务。村级站统一使用"益农信息社"品牌。省农业部门按照农业部要求统一设计门头及标识牌、统一编号，各县（市、区）负责指导益农信息社按照统一规范制作悬挂标识和编号。

2. 站点类型。益农信息社站点类型主要包括标准站、专业站和简易站。标准站选择交通便利、农户密集、人流量大的村庄，依托村委会、农村党员干部现代远程教育终端站点、农技推广机构、农村综合信息服务中心等建设，提供包括农业公益服务、便民服务、电子商务、培训体验服务的"一站式"服务；专业站依托家庭农场、专业大户、农民合作社、农业产业化龙头企业等新型农业经营主体或新型农业服务主体建设，主要运用互联网、物联网、电子商务等新技术、新模式，为其成员和周边农民提供产前、产中的专业服务以及产后的统一销售服务，并提供公益、便民等服务；简易站主要针对人口相对较少和偏远地区的村庄，依托便民超市、农资店、兽药饲料门市、通信代办服务点等各类商业网点建设，提供农业生产资料、生活消费品代买和电子商务等服务。支持有条件的地方，依托县级电子商务运营中心和乡镇（区域）农技推广站，统筹安排县级和必要的乡镇级中心站建设，承担本辖区益农信息社的管理和指导、资源集聚共享、物流集散等工作。

3. 选点建设。整合现有资源，优先在农村党员干部现代远程教育终端站点、电子商务进农村综合示范县村级服务点、供销e家村级服务网点、邮乐购村级站点、农村气象信息服务站和河南联通、河南移动、河南电信的渠道网点，以及新型农业经营主体等具备相关基础条件的农村服务网点，建设益农信息社，叠加信息进村入户服务功能，形成惠农信息服务合力。各省辖市、省直管县（市）政府负责益农信息社的规划布局和监督、指导，县级政府负责益农信息社的选点，运营商负责益农信息社的具体建设和运营，农业部门具体负责益农信息社选点及建设的规划、管理、监督和指导。益农信息社选点、建设情况报省农业厅备案，益农信息社在省级信息进村入户综合信息服务平台登记注册、开展服务并纳入统一管理。

（二）运营益农信息社

运营益农信息社主要做好以下 4 方面工作。

1. 建立"政府＋运营商＋服务商"三位一体的推进机制。按照政府引导、市场化建设、专业化运营的思路，创新运营模式，培育壮大产权清晰、权责明确、诚信守法、有经济实力和运营活力的建设运营企业，健全政府与运营和服务企业的合作机制，三方合力推进信息进村入户。各级政府负责整合公益资源，提供公益服务；运营商负责整合各类公益和商业服务，对接服务商（包括电信运营商、生活服务商、平台电商、金融服务商、系统集成商、信息服务商等）为农民提供免费或低价服务；服务商负责提供各类商业服务和通道服务，通过扩大市场规模获得收益。

2. 开展四类服务。完善信息进村入户公益服务，应用 12316 三农服务热线、信息服务平台等渠道，精准推送农业生产经营、技术推广、政策法规、村务公开、就业等公益服务信息，协助开展农技推广、动植物疫病防治、农产品质量安全监管、土地流转、农业综合执法等业务。完善信息进村入户便民服务，开展水电气、通信、金融、保险、票务、医疗挂号、惠农补贴查询、法律咨询等服务。完善信息进村入户电子商务，开展农产品、农资及生活用品电子商务，提供农村物流代办等服务。完善信息进村入户培训体验服务，开展农业新技术、新品种、新产品培训，提供信息技术和产品体验。

3. 培训信息员。每个村级益农信息社至少有 1 名有文化、懂信息、能服务、会经营的村级信息员。各县（市、区）农业部门委托运营商对村级信息员集中培训，主要依托现有教育培训体系、电子商务进农村综合示范县农村电商培训体系和应用新型职业农民培训、农民智能手机应用技能等培训项目，通过网络电视、电脑、智能手机等信息传播媒介，建立"上门培训＋集中培训＋网络培训"的多元化培训模式，对村级信息员分区域进行培训，培训合格后颁发培训结业证书。

4. 增强益农信息社持续运营能力。探索可持续的商业模式，依托运营商、服务商，拓宽经营服务内容范围，通过提供政策、技术等公益服务和培训体验服务聚集人气，通过代缴费、小额取款、物流代收代发等便民服务获取适当收益，并开展网店建设装修和运营推广，应用线上、线下相结合的渠道资源开展产销对接、农产品上行等业务，提高信息员自身收入。

（三）管理运营网络体系

省农业厅会同有关部门制定建设运营、资源共建共享、风险防控、延伸绩效考核等方面的制度规范，指导全省各省辖市、县（市、区）有力有序有效开展工作。省农业厅负责研究制定益农信息社管理办法，建立益农信息社登记、备案及管理考核制度，建立信息进村入户服务规范，明确公益服务职责、商业服务内容及标准、法律责任，加强网络和信息安全防护能力建设，有效防控技术风险、经营风险和法律风险，确保信息进村入户工程安全规范推进和运行。

（四）促进各类信息资源融合共享

按照集约建设、集中部署的思路，依托政务公共云平台，充分利用我省网上政务服务平台已有的政务服务、便民服务等功能和资源，采用政府购买服务方式，建设省级信息进村入户综合信息服务平台，开发公益服务、农村电商、培训体验等信息进村入户特色业务功能，并与国家信息进村入户公益平台加强对接。依托我省政务数据共享交换平台，实现省级信息进村入户综合信息服务平台与教育、科技、财政、交通运输、商务、卫生计生、供销、气象、邮政等部门和科协等单位的数据交换与共享，对接社会化服务资源，推动电子商务、保险、金融等社会化企业网络服务系统资源共享。与农产品质量安全追溯平台、农兽药基础数据平台、重点农产品市场信息平台、新型农业经营主体信息直报平台有机结合，推动协同并进、融合发展，实现互联互通、开放共享。

（五）推动形成"五新"格局

把开展信息进村入户工程整省推进示范作为加快"互联网＋"现代农业发展的重要抓手，统筹农业信息服务、电子商务、农业物联网、农民手机应用、农业农村大数据等，促进信息技术和信息系统融入农业、农村，切实提高农民群众运用信息技术发展农业、改善生活、增收致富的能力，推动形成"五新"格局。即以推广应用大数据、云计算、物联网、移动互联网等为重点，推进"互联网＋"

新技术发展；以探索农场直供、消费者定制、订单农业、线上线下、社区支持农业等农产品销售新模式为重点，提升农业生产、经营、管理、服务水平，推进"互联网＋"新模式发展；以发展农业电子商务、都市生态农业、休闲农业、创意农业为重点，推进"互联网＋"新业态发展；以培育有文化、懂技术、会经营的新型职业农民为重点，依托智能手机为农民提供涉及政策、市场、科技、保险、气象等生产生活信息的 APP（手机软件）、微信公众号等移动应用服务，推进"互联网＋"新农民发展；以建设美丽乡村和特色小镇为重点，推进"互联网＋"新农村发展。

三、工作安排

（一）全面推进（2017 年 9—12 月）

1. 公开遴选运营商，承担全省益农信息社的建设和运营维护工作。

2. 召开动员会，全面推进信息进村入户工程，加快发展"互联网＋"现代农业，明确 18 个省辖市、10 个省直管县（市）建设任务，签订目标责任书。

3. 各省辖市、省直管县（市）政府成立领导小组，召开动员部署会，签订目标责任书。

4. 在全省 1031 个农技推广站接入益农信息社服务内容，进行先行先试。

5. 各省辖市、县（市、区）扎实做好益农信息社选点建设等各项工作，制定各项制度，完善各项机制，有效开展四类服务；各级农业部门做好信息员的遴选工作。

6. 由各县（市、区）农业部门委托运营商，对当地遴选的村级信息员进行集中培训，考核合格后上岗。

（二）考核验收（2018 年 1—3 月）

1. 各县（市、区）政府组织力量，对信息进村入户工程进行总结、验收，对信息员进行考核评价，结果逐级报送。省农业厅组织对益农信息社建设情况进行复验，验收工作采取实地验收和网上验收相结合的方式开展。

2. 按照农业部"先建后补"的要求，根据建成一个、验收一个、补助一个的原则和益农信息社建设的数量、质量，拨付补助资金。

3. 省农业厅组织力量对益农信息社建设情况进行抽查，对市、县两级补助资金使用情况进行绩效评价。

4. 召开会议总结 2017 年工作情况，部署 2018 年任务和要求。

（三）优化提升（2018 年 4—12 月）

全省所有行政村基本实现一村一家益农信息社，并进行提档升级，着力提高服务水平，强化益农信息社的可持续运营能力。

（四）完善机制（2019 年 1 月—2020 年 12 月）

1. 健全制度规范和监管体系，省农业厅会同有关部门完善建设运营、资源共建共享、风险防控、延伸绩效考核等方面的制度规范，保障全省信息进村入户工程整省推进示范规范运行。

2. 完善"政府＋运营商＋服务商"三位一体发展模式，优化益农信息社建管体制和市场化运行机制。

四、保障措施

（一）加强组织领导

成立河南省开展信息进村入户工程整省推进示范加快"互联网＋"现代农业发展工作领导小组，陈润儿省长任组长、王铁副省长任副组长，省直有关部门主要负责同志为成员。领导小组下设办公室，办公室设在省农业厅，负责我省信息进村入户工程整省推进示范的统筹、协调和指导，明确责任，及时解决工程实施中出现的重大问题，确保各项工作任务有序落实。有关部门要加强领导，密切协作，形成合力，推动开展信息进村入户工程整省推进示范，加快"互联网＋"现代农业发展。

（二）强化资金保障

益农信息社建站投资估算约 3.84 亿元，由运营商按不低于 30%、财政补助按不超过 70% 的比例筹措安排。其中，将中央财政安排项目资金 1.6 亿元全部分配下达市、县两级用于益农信息社建站补助，其余约 1.1 亿元财政补助部分由市、县两级财政负担。省财政负责筹措 5000 万元，主要用于省级平台软件开发和运维、云服务平台租赁、村级信息员培训、运营商前期运营补助等。以上需财政补助和筹措安排的建站费用、省级平台开发建设运维等费用，根据招投标结果和实际开支情况据实筹措安排。

（三）构建资源共享机制

按照"六有"标准，各级政府要加强统筹协调，各有关部门要大力支持，推动运营商承担资源整合任务，增加益农信息社信息服务功能，避免重复建设，实现资源的有效利用。探索农村地区公共服务资源接入方式，推进服务资源的数据化和在线化，实现服务资源融合共享。

（四）完善可持续的市场化运营机制

按照公平、公正、公开的原则招标确定运营商，承担全省益农信息社的建设、运营、维护任务。运营商可以是 1 家企业，或是多家企业联合组建的 1 个新主体。构建部省共建、省级统筹、县为主体、村为基础、社会参与、合作共赢的建管机制，建立政府支持引导、市场化运作为主体的信息进村入户长效机制，增强运营商、服务商和益农信息社自我造血、自我发展能力。

（五）建立信息员管理培训和奖励补偿机制

建立信息员选聘、登记、备案、管理考核及权益保障等制度，明确信息员职责，制定信息员服务规范。研究信息员承担公益服务补贴机制，采取政府购买服务的方式，对信息员提供的农业农村数据采集等公益服务由县级财政给予适当的补助。鼓励运营商、服务商通过提成、返点等形式，对信息员代理的经营性业务和运营服务给予报酬。

（六）严格管理考核

坚持目标导向，强化监督管理，严格激励约束，把信息进村入户工程纳入政府绩效考核内容。建立村级益农信息社用户满意度评价体系和信息员动态考评、量化管理及激励机制，切实提高益农信息社的服务绩效。省、市、县三级农业部门要按照进度安排，开展督查指导，对发现的问题及时督促整改，确保建设进度和运行安全。

附件：1. 益农信息社选点标准
　　　　2. 益农信息社建设标准和设备清单

附件1

益农信息社选点标准

基础设施 站点类型	经营场所	经营人员	基本设备
标准站	1. 依托行政村建设，优先选择交通便利、农户密集、人流最大的地区，站点选择村委会、农村党员干部现代远程教育终端站点、农技推广机构、农村综合信息服务中心、农村商业网点等基础设施较为完善的场所。 2. 使用面积不小于20平方米。	1. 年龄要符合20周岁以上、50周岁以下的条件。 2. 初中以上文化程度。 3. 站点选择村组干部、大学生村官、农村经纪人、农业生产经营主体带头人和农村商超店主，在同等条件下优先选择返乡大中专毕业生、返乡农民工、农村青年、巾帼致富带头人和退役士兵等人员。	具备能够正常使用的电脑。
专业站	1. 依托家庭农场、专业大户、农民合作社、农业产业化龙头企业等新型农业经营主体或新型农业服务主体选建。 2. 生产经营或服务场所应距离行政村或农户密集区不超过2千米。 3. 使用面积不小于20平方米。 4. 具备对合作社社员进行培训的场所。		
简易站	1. 依托行政村建设，优先选择商务、邮政、供销、移动、电信、联通、农行等单位在农村建立并运营服务良好的电子商务网点或者业务代办网点，以及农资店、兽药饲料门市、便民超市等经营状况良好的农村商业网点。 2. 使用面积不小于20平方米。		

附件 2

益农信息社建设标准和设备清单

标准站

按照农业部要求，站点应配置电脑、打印机等设备，为了充分利用现有的基础设施，在益农信息社建设中，鼓励对接组织、商务、供销、气象、邮政等部门在农村的信息服务站点，整合能够利用的电脑、打印机等设备；没有条件的站点，由运营商负责为站点配置；下表中不再包含电脑、打印机等设备。

序号	配 置	功 能	数量
1	益农信息社标牌（门头）	农业部益农信息社统一形象标识。	1个
2	授权牌和证书	农业部益农信息社统一形象标识。	1套
3	工作制度牌	益农信息社规章制度及服务指南。	1套
4	宽带（不低于50兆的接入速率）	日常上网，长期不中断，保证网络设备正常使用。	1条
5	Wi-Fi	为农民提供免费上网服务。	1台
6	12316免费电话	为农民提供12316专家热线服务。	1台
7	耳机、摄像头	用于农民和农技专家远程视频，政府与益农信息社的远程连线及上下联动。	1套
8	便民信息播放终端（不低于50寸）	针对农民和新型农业经营主体特征，配置的操作简便、功能丰富，具备网络、视频、文字、图片接收展示，同专家在线互动咨询、分屏上网、观看专家视频讲座等功能的信息传播载体。	1台

续 表

序号	配 置	功 能	数量
9	产品展示柜	用于农产品、手工艺品等乡村特色产品，农资等服务商的产品样品的线下展示体验，以及村民网购快递包裹的存放。	1套
10	设计本村网页	在国家平台和省级总平台上登记注册，利用省级平台的基础框架，为益农信息社设计具有本村特色的村级网页，用于村情村貌图文信息展示，人口、耕地、就业等村级数据的采集上传，惠农政策、农技信息的发布，生活缴费、代买代购、医疗挂号等网络便民服务获取，特色农产品的"触网"展示与产销对接，以及运营服务的后台管理。包括村貌、产品等相关摄影以及图片、文字的处理与上传。	1项
11	特色农产品网店	可以在省农业厅授权的河南省特色农产品电子商务平台上开设网店，上传乡村特色产品图文信息，在线展示农产品生产经营环境及过程，推动农产品上网和销售。	1项

专业站

按照农业部要求，站点应配置电脑、打印机等设备，为了充分利用现有的基础设施，在益农信息社建设中，鼓励对接组织、商务、供销、气象、邮政等部门在农村的信息服务站点，整合能够利用的电脑、打印机等设备；没有条件的站点，由运营商负责为站点配置；下表中不再包含电脑、打印机等设备。

序号	配　置	功　　能	数量
1	益农信息社标牌（门头）	农业部益农信息社统一形象标识。	1个
2	授权牌和证书	农业部益农信息社统一形象标识。	1套
3	工作制度牌	益农信息社规章制度及服务指南。	1套
4	宽带（不低于50兆的接入速率）	日常上网，长期不中断，保证网络设备正常使用。	1条
5	Wi-Fi	为农民提供免费上网服务。	1台
6	12316免费电话	为农民提供12316专家热线服务。	1台
7	设计本村独立网页	在国家平台和省级总平台上登记注册，利用省级平台的基础框架，为益农信息社设计具有本村特色的村级独立网页，用于村情村貌图文信息展示，人口、耕地、就业等村级数据的采集上传，惠农政策、农技信息的发布，生活缴费、代买代购、医疗挂号等网络便民服务获取，特色农产品的"触网"展示与产销对接，以及运营服务的后台管理。包括村貌、产品等相关摄影以及图片、文字的处理与上传。	1项
8	远程视频监控与互联网直播系统	能够实时监控专业站的生产、加工、经营场所，并能够通过互联网进行直播。具备多平台观看和分布式转码、网络云端存储功能。	1套
9	农产品网店	可以在省农业厅授权的河南省特色农产品电子商务平台上开设网店，上传乡村特色产品图文信息，在线展示农产品生产经营环境及过程，推动农产品上网和销售。	1项

续　表

序号	配　置	功　　能	数量
10	物联网系统	能够监测新型农业经营主体生产经营场所土壤温湿度、空气温湿度、光照五个参数的数据，物联网系统、视频监控、网络直播、追溯系统、农事记录、网店要能有机融合互相联通。	1套
11	新经营主体直报、农产品质量安全追溯与生产履历管理系统和二维码打印机	用于新型农业经营主体农产品的生产经营信息采集、生产履历管理、生成追溯码以及追溯码打印，为新型农业经营主体提高产品质量提供平台，帮助其打造优质品牌，提高产品附加值，增加收入；为政府从源头上做好农产品质量安全监管工作提供抓手，确保农产品安全；为消费者购买放心安全的产品提供保障，可了解农产品从"田间到餐桌"的全面信息。须连接到河南省农业新经营主体直报系统。	1套
12	物联网参数及视频显示终端（32寸）	实时显示新型农业生产经营主体生产经营场所环境数据、发布相关信息、宣传推介等，用于辅助生产经营。	1个

简易站

　　按照农业部要求，站点应配置电脑、打印机等设备，为了充分利用现有的基础设施，在益农信息社建设中，鼓励对接组织、商务、供销、气象、邮政等部门在农村的信息服务站点，整合能够利用的电脑、打印机等设备；没有条件的站点，由运营商负责为站点配置；下表中不再包含电脑、打印机等设备。

序号	配　置	功　能	数量
1	益农信息社标牌（门头）	农业部益农信息社统一形象标识。	1个
2	授权牌和证书	农业部益农信息社统一形象标识。	1套
3	工作制度牌	益农信息社规章制度及服务指南。	1套
4	宽带（不低于50兆的接入速率）	日常上网，长期不中断、保证网络设备正常使用。	1条
5	Wi-Fi	为农民提供免费上网服务。	1台
6	12316 热线电话	为农民提供 12316 专家热线服务。	1台
7	耳机、摄像头	用于农民和农技专家远程视频，政府与益农信息社的远程连线及上下联动。	1套
8	POS 机	转款、取款、买卖交易、收款（与金融机构合作）。	1台
9	设计本村网页	在国家平台和省级总平台上登记注册，利用省级平台的基础框架，为益农信息社设计具有本村特色的村级网页，用于村情村貌图文信息展示，人口、耕地、就业等村级数据的采集上传，惠农政策、农技信息的发布，生活缴费、代买代购、医疗挂号等网络便民服务获取，特色农产品的"触网"展示与产销对接，以及运营服务的后台管理。包括村貌、产品等相关摄影以及图片、文字的处理与上传。	1项
10	特色农产品网店	可以在农业厅授权的河南省特色农产品电子商务平台上开设网店，上传乡村特色产品图文信息，在线展示农产品生产经营环境及过程，推动农产品上网和销售。	1项

二、河南省农业厅关于印发《2015 年河南信息进村入户试点工作实施方案》的通知

河南省农业厅关于印发《2015 年河南信息进村入户试点工作实施方案》的通知

郑州市、鹤壁市、焦作市、漯河市、三门峡市、永城市农业局（委），厅直属有关单位：

按照农业部今年关于扩大信息进村入户试点工作有关要求，我厅制定完善了《2015 年河南信息进村入户试点工作实施方案》，现印发给你们，请结合本地实际，认真组织实施。

2015 年 8 月 10 日

2015 年河南信息进村入户试点工作实施方案

按照农业部关于扩大信息进村入户试点工作有关要求，为扎实推进我省信息进村入户试点工作，突出河南特色，打造一流标准，结合我省实际，制订如下工作方案。

一、指导思想

深入贯彻落实党的十八大、十八届三中全会和 2015 年中央一号文件精神，坚持"统筹规划、试点先行，需求导向、社会共建，政府扶持、市场运作，立足现有、完善发展"原则，以 12316 原有服务基础为依托，以村级信息服务能力建设为着力点，以满足农民生产生活信息需求为落脚点，用现代信息技术武装农民、建设农村、服务农业，大力提升农民信息获取能力、致富增收能力、社会参与能力和自我发展能力，为加快推进我省农业现代化和城乡一体化提供有力支撑。

二、工作目标

促使农业信息服务体系进一步健全，农业信息服务"最后一公里"问题初步解决，农村社区公共服务资源接入水平明显提高，农业生产经营、技术推广、政策法规、村务管理、生活服务、权益保障及个人发展等各类信息需求基本得到满足，普通农户不出村、新型农业经营主体不出户就可享受到便捷、经济、高效的生产生活信息服务，农业农村信息化可持续发展机制创新取得明显成效。

三、重点任务

2015 年试点工作的重点任务是，在郑州市新密市、鹤壁市淇县、焦作市博爱县、漯河市临颍县、三门峡市义马市及永城市，实行全覆盖式整体推进，共建成 2000 个村级信息服务站，其中，新密市 288 个、鹤壁市整市推进 386 个（鹤山区 59 个、山城区 63 个、淇滨区 100 个、淇县 164 个）、博爱县 204 个、临颍县 367 个、义马市 20 个、永城市 732 个，培育至少 2000 名村级信息员，各类农业公益服务和公共服务资源接入村级站，站点可持续运营机制初步形成；试点县全面完成12316标准化改造，重点完成12316与农技推广体系融合；配合完成全国农业信息服务云平台建设，推进部、省相应信息服务系统切换、并入和村级站的全面接入。

（一）建设村级信息服务站

1. 村级站的类型、比例及功能

村级信息服务站按照有场所、有人员、有设备、有宽带、有网页、有持续运营能力的"六有"标准，充分利用现有设施和条件，重点在村委会、农村党员远程教育点、新型农业经营主体、各类农村商超及服务代办点中建设或认定。

类型及比例：村级信息服务站分为四级建设标准类型，分为中心站、标准型、专业型、简易型。每个行政村至少建成1个村级信息服务站，其中，中心站数量为5个（新密市、淇县、博爱县、临颍县、永城市各1个），标准型站占35%，专业型占45%，简易型站20%。

功能：中心站的功能是负责本区域内各站的服务管理、物流配送和对本区域内新经营主体的指导服务及对本区域内开展农业公益服务、便民服务、电子商务服务、培训体验服务；标准型站的功能是向区域内的农民提供农业公益服务、便民服务、电子商务服务、培训体验服务；专业型站的功能主要依托新型农业经营主体建立，由带头人围绕生产经营活动为成员提供专业服务；简易型站的功能是主要向农民提供便民服务和电子商务服务。

2. 村级信息站的面积、信息员设置、内部配置

中心站：营业面积不少于50平方米，至少有2名从业人员，配置一台55寸大屏幕电脑播放机，1台32寸电脑触摸机、32寸安卓电脑播放机，2部翼农手机，2个柜台，3个货架，1台POS机，1部12316热线电话机，1套应用服务客户端，均可具备所有服务功能，起到指导、服务、培训、物流、分销、展示六项功能。

标准站：每4个行政村至少建立一个标准站，该站可需用营业面积应达到30平方米以上，有2个从业人员，可配置1台55寸大屏幕电脑播放机，1台POS机，1个柜台，2个货架，2部翼农手机，1部12316热线电话机，1套应用服务客户端，可以达到展开"买、卖、代、推、缴、取"6项业务。

专业站：面积 30 平方米以上，1 台 POS 机，1 个柜台，1 个货架，1 部 12316 热线电话机，2 部翼农手机，1 套应用服务客户端，在选点上应该倾向于合作社、大型种植户和养殖户等专业性强的合作伙伴，需要专业人员 2 名。

简易站：每个行政村至少建立一个简易型益农信息社，要求有 1 名信息员，房屋面积不低于 15 平方米，以村庄中心的超市或农资店为依托，可配置 1 台 POS 机，1 个货架，1 部 12316 热线电话机，1 部翼农手机，1 名信息员，1 套应用服务客户端，可以开展基本的 6 项业务。

村级信息服务站要具有互联网接入条件，网络宽带不低于 4M，能提供无线 Wi Fi 环境。站点要使用统一标识。每个村级信息服务站要按照有文化、懂信息、能服务、会经营的标准，选择有初中以上文化，熟练使用计算机等办公设备和互联网，沟通能力强、服务态度好、有责任心的人员担任，可重点在村组干部、大学生村官、农村经纪人、合作社带头人、农村商超店主中选择。

村级站要依托全国农业信息服务云平台开展服务，并要具备以下功能：提供 12316 语音电话咨询，提供农业生产经营、技术推广、政策法规、村务管理、权益保障及个人发展等各类信息服务；提供信息技术和产品体验，开展各类培训；开展便民服务、农产品营销、农资及生活用品代购、农村物流代办等经营服务；有条件的地方应开展村务公开、土地流转和相关涉农信息采集和发布。建立健全站点、信息员动态管理考评机制。

（二）开展 12316 标准化改造

在已有 12316 服务体系基础上，进一步强化资源整合、服务队伍组建，推进服务手段向移动终端延伸，服务方式向精准投放转变，并全面推动信息服务体系与基层农业服务体系融合。

强化信息资源整合。统一全省涉农信息资源目录体系与交换标准，推动建立部门内外信息资源整合机制；强化对普通农户、专业种养大户、家庭农（牧）场、农民合作社、农业产业化龙头企业等用户及农技人员和专家基础信息采集并建立动态修正机制，逐步实现服务的精准投放。

强化服务队伍建设。建立以农技员和生产经营主体技术员为核心、以市县农业信息中心工作人员为辅助、以省级呼叫中心话务为保障的话务团队。逐步培育以农技员为主体、以各类生产经营主体带头人为补充、以"三农"专家为节点的专家团队，打造一支优质、高效、敬业的服务团队。

全面整合涉农热线和投诉举报电话、服务网站、短彩信系统等各类服务资源，推动 12316 成为农业部门内部信息交流通道平台，成为农技推广、农产品质量安全监管、农机作业调度、动植物疫病防控、测土配方施肥、农村"三资"管理、政策法律咨询等农业领域以及社保、金融、电信等有关部门服务"三农"的手段。

试点县要推动 12316 信息服务与农技推广、村务公开、土地流转、农产品质量安全监管等服务体系的融合。今年要与基层农技推广体系项目结合，重点推动 12316 信息服务与农技推广服务体系的融合，在乡镇农技站接入 12316 语音呼叫、视频和短彩信等系统，建立乡镇农技站与村级信息服务站的互助合作关系，畅通农技员与农民之间信息交流通道，提升农技推广体系服务能力和效率。全国农业信息服务云平台要为农技人员的动态管理和服务质量考核提供支撑。

（三）构建完善省级农业信息服务云平台

在 12316"三农"热线省级平台、农业门户网站群等服务资源基础上，开发特色服务系统和应用模块，构建完善省级农业信息服务云平台，统一使用农业部云平台资源，配合开展已有信息服务系统切换、接入和相关信息资源导入，实现互联互通和信息资源共享。

（四）探索建立可持续运营机制

要充分引入市场化机制，推动电信运营商、生活服务商、平台电商、金融服务商、系统集成商、信息服务商等企业参与信息进村入户工作，发挥各类企业在技术、人才、资金和信息基础设施等方面的优势，以合资合作等方式参与村级站和云平台建设与运营。利用站点实体网络优势，发展农业电子商务和农村物流，积极协调水电气、金融保险、票务、医疗挂号等基本公共服务资源接入，为农村信息员提供创业条件，增强站点自我造血、自我发展能力。探索以合作社方式实现站点的社会共建和市场运行。充分调动科研院所、高等院校、农业生产经营及各类企业的积极性，鼓励开发基于移动互联的信息服务产品，提高信息服务的针对性和便捷性。要充分调动地方和基层有关部门的积极性，充分发挥村级组织在站点建设、人员配备、日常管理等方面的组织协调作用；要重视农民体验并充分调动其参与积极性；要充分发挥乡镇农技员技术优势，为农民提供多种形式的技术咨询和培训。

四、进度安排

（一）准备阶段（2015 年 1—4 月）

开展村级各类服务设施状况、12316 服务基础、各类农业公益服务机构设置、市场化信息服务资源摸底等情况调查；召开试点准备工作座谈会；制订完善试点工作方案。

（二）试点阶段（2015 年 5—8 月）

做好信息站的选点及信息员的选聘工作。采用先行先试，先建设一批高标准村级信息服务站，抓好试点，搞好引导，组织召开现场观摩会，总结经验教训，完善工作措施，为下一步大规模建站探路子、出经验。

（三）实施阶段（2015 年 8—11 月）

开展大规模村级信息服务站建设。开展信息员培训；开展 12316 标准化改造，完成乡镇农技站 12316 服务系统接入；确定村级站运营主体并建立运营机制，组织服务资源接入，制定站点服务项目清单；配合开展原有信息服务系统切换、接入全国云平台。

（四）总结阶段（2015 年 12 月上旬）

总结我省试点工作，组织开展经验交流，配合农业部组织开展示范站评选及相关总结工作。

五、保障措施

（一）加强组织领导

成立以朱孟洲厅长为组长、张惠民副厅长为副组长，厅办公室、厅市场与经济信息处、厅计划处、厅财务处等有关处室负责同志为成员的领导小组，统一协调引导信息进村入户工作，强化对信息进村入户工作的领导。各试点省辖市要加强领导，建立健全组织，统筹协调推进，并制订具体实施方案，逐级分解任务，明确责任和进度，确保各项措施落实。要充分发挥县级农业部门实施主体作用，强化村级组织协调功能。

（二）加大投入力度

积极争取各部门的支持，整合利用涉农项目资金，多渠道增加投入。已有信息化项目资金要向信息进村入户倾斜，保证信息进村入户工作有足够的引导资金。同时，调动社会力量参与信息进村入户工作，发挥电信运营商、平台电商、信息服务商和软硬件供应商等企业在技术、人才、资金和信息基础设施等方面的优势，以合资合作等方式参与村级站和云平台建设与运营，支持科研机构和企业研发信息系统和终端产品。

（三）强化信息员培训

制订信息进村入户培训计划，利用各种项目资源，加强农村信息员、信息服务人员知识更新和技能培训，通过职业教育、集中培训、远程教育、现场交流等多种培训方式，提升业务素质和服务能力。依托中国（鹤壁）农业硅谷产业园培训基地等机构，开展农村信息员规范化培训。

（四）加强工作督导

组织开展对各试点省辖市的督导检查和示范站的推荐、评审，推进信息进村入户试点工作顺利实施。各试点省辖市要按照进度安排，定期进行自查，对发现的问题及时整改，确保质量进度和资金使用安全。要建立村级站用户满意度评价体系和信息员动态考评、量化管理及奖励制度。

第二章　信息进村入户案例介绍

第一节　益农信息社简介

一、起源背景

为深入贯彻落实国务院《中共中央　国务院关于全面深化农村改革加快推进农业现代化的若干意见》（中发〔2014〕1号）（要求"加快农村互联网基础设施建设，推进信息进村入户"）和《农业部办公厅关于印发〈信息进村入户试点工作指南〉的通知》《农业部办公厅关于印发〈2015年信息进村入户试点工作安排〉的通知》等文件精神，以"统筹规划、试点先行，需求导向、社会共建，政府扶持、市场运作，立足现有、完善发展"为原则，以"12316"服务基础为依托，以村级信息服务能力建设为着力点，以满足农民生产、生活信息需求为落脚点，用现代信息技术武装农民、建设农村、服务农业，大力提升农民信息获取能力、致富增收能力、社会参与能力和自我发展能力，为加快推进农业现代化和城乡发展一体化提供支撑。

二、建设意义

当前，我国已进入工业化、信息化、城镇化和农业现代化同步推进的新时期，信息化已经成为衡量现代化水平的重要标志。因此加快推进农业信息化建设，用信息流引领技术流、资金流、人才流向农业农村汇集，让农业农村经济搭上信息化快车，对于加快农业现代化建设、促进城乡一体化发展、全面建成小康社会具有重要意义。农业部信息进村入户工程——益农信息社将农业信息资源服务延伸到乡村和农户，加快推进农业信息化建设，对促进城乡一体化发展、全面建成小康社会具有重要意义。

（一）有利于县域经济协调发展

开展农业部信息进村入户工程有利于促进经济的更快发展，通过完善信息基础设施建设，营造良好的农业信息化进村入户发展环境，扶持中小企业扩大电子商务应用，同时，积极推进农村电子商务发展，还可以引导农民就地创业，鼓励特色产品、特色文化利用电子商务"走出去"。

（二）增强当地企业的综合竞争实力

开展农业部信息进村入户工程可以通过村级信息服务站整合当地企业资源，建设横向或纵向一体化的电子商务平台。企业间实施战略合作，立足本地经济特色，利用信息化、电子商务加强产品品牌建设，制定合理的品牌战略，强化现有品牌的深度，提高产品品质，提高经济效益和综合竞争实力。

（三）引导农民就地创业，促进农民增收

开展农业部信息进村入户工程，一能改善农业信息化推广的基础环境，降低农村电商运营成本。二能鼓励农民利用电子商务自主创业，将网络销售深入到各个地区，农民通过益农信息社了解第一手的市场信息，准确掌握市场需求和产品供销趋势，利用市场信息适时调整种植、养殖结构，发展特色产业，化解小生产与大市场的矛盾，规避和减少市场风险、自然风险，促进增产增收。

（四）有利于提升政府部门管理和服务能力

农业部信息进村入户工程可以使农民快速获知国家的最新农业政策，还可以改进政府部门的服务方式、拓宽服务范围、畅通服务渠道。通过信息进村入户，能够有效缩小城乡数字鸿沟，帮助农民实现弯道超车；能够将层层上报的传统统计调查方法改变为网上直报的方式，政府部门可以及时了解到最真实的基层情况；能够帮助农民有效对接市场，切实把"以产定销"转变为"以消定产"，减缓农产品价格波动；能够有效解决公益服务长期严重不足的问题，促进公益性服务与经营性服务相得益彰。

三、益农信息社定义

益农信息社是农业部信息进村入户工程，以服务"三农"为宗旨，以便民、惠民、利民、富民为目标，将农业信息资源服务延伸到乡村和农户，通过开展农业公益服务、便民服务、电子商务服务、培训体验服务提高农民的现代信息技术应用水平，为农民解决农业生产上的产前、产中、产后问题和日常健康生活等问题；为农民免费提供网上农业专家咨询、技术培训、法律服务等；为周围农民代订、代购正规厂家的补贴性种子、农药、化肥、农机等和日用生活用品、电子产品等，发布农产品供应、劳务信息等服务，引导农民利用信息化手段改变传统的生活方式，缩短城乡数字鸿沟，促进农村现代文明，助推农村经济和城乡一体化发展。

第二节　益农信息社服务内容

益农信息社围绕公益、便民、电商体验、培训体验四大服务，为农民开展"买、卖、推、缴、代、取"六项业务，最终实现普通农户不出村、新型农业经营主体不出户就可享受到便捷、经济、高效的农业生产、生活信息服务。

全国村级信息服务站益农信息平台框架如图 2-1 所示。

一、四大服务

（一）公益服务

公益服务以 12316 农业公益服务为核心，主要包括：农业生产经营、技术推广、市场行情、政策法规等信息的现场咨询、电话咨询、短彩信推送等服务；协助开展农技推广、动植物疫病防治、农产品质量安全监管、农业物联网服务、农机作业调度、土地流转、宅基地登记、农村"三资"管理、农业综合执法、灾情预警、惠农补贴查询、村务公开等服务；相关部门和单位的农业气象，救灾救济，调解纠纷，各类证照、落户、低保，行政审批，招聘应聘，义务教育，慈善捐助，紧急救援的查询、代办等服务。鼓励各地探索创新信息采集方式，依托益

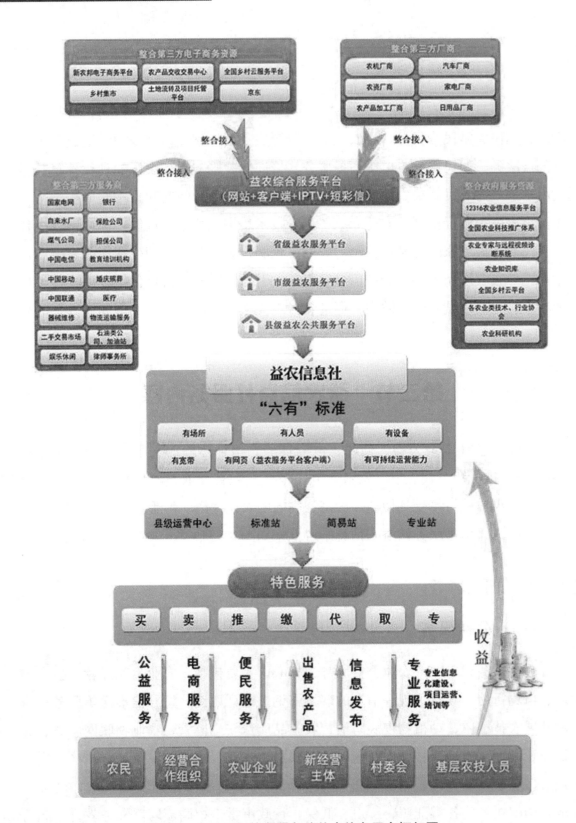

图 2-1 全国村级信息服务站益农信息平台框架图

农信息社，通过村级信息员开展农业生产、农村经济运行信息的采集、监测，为农民和新型农业经营主体提供信息服务。12316三农服务热线介绍及使用流程如图2-2所示。

图 2-2　12316 三农服务热线介绍及使用流程

详细分类如下：

1. 农业物联网类服务

（1）农业物联网服务：提供物联网基础支持，物联网技术推广及服务；通过在生产现场部署传感器、控制器、摄像头等多种物联网设备，借助个人电脑、智能手机，实现对农业生产现场环境指数实时监测展示、自动报警提醒，同时实现远程自动控制生产现场的灌溉、通风、降温、增温等设施设备。该系统的使用可减少人工成本，实现精准调控，有效规避生产风险。

（2）设施农业物联网服务：通过传感设备实时采集空气温度、空气湿度、二氧化碳、光照、土壤水分、土壤温度、风速等数据；将数据通过通信运营商的无线通信网络传送到服务管理平台，服务管理平台结合农户种植计划、市场情况以及实施环境数据进行分析处理，通过信息网点、网站、手机短信、USSD、WAP、客户端等方式为农户、农企、专家、政府、商贩提供综合信息服务。设施农业物联网服务包含：产前指导农户合理制订和调整种植计划，有效降低市场风险；产中指导农户科学种植、提高产量、避免灾害风险；降低劳动强度；产后指导农户合理选择销售渠道，帮助农户增收致富；为规模化的农业生产提供管理手段，降低企业运营成本；专家可查看管辖区全部农户实施环境数据、历史数据和作物病虫害照片，有针对性地提出科学农事操作建议和提供病虫害防治指导；商贩通过服务平台可在最短流通半径内连接产地和批发市场，降低物流成本。

（3）农产品展示及远程体验服务：该服务通过网点以及网络平台进行农产品上下行展示，同时展示产品产地的种植环境、生长周期、种植过程、采摘时期等信息。农户可通过信息网站信息网点实现远程体验，体验内容有农场种植环境、生长环境等关键生长节点信息。

（4）农情采集服务：提供区域内田间气象信息监测、虫情信息监测、图像信息监测，并对关键环境数据进行指导，通过信息的实时采集分析，为农户更好地开发种养殖提供数据支撑。

（5）农机作业调度：匹配农机供需作业信息，实现全方位农业信息调度，农户自主发布农机信息需求，同步进行全网点信息覆盖，有效进行需求信息传播。农机组织可根据数据进行农机计划及管理，避免农忙时节农机服务组织的作业指挥混乱和成本控制难问题。

（6）灾情预警：预警信息发布数据主要由各县市气象局短信数据库和中心数据库以及短信发布平台组成，各地气象局通过气象专用通信网络，连接在省局的数据库服务器，主要完成预警信息的生成和上传。省气象局中心数据库负责对各地上传的数据进行存储和预警信息的生成发布，中心数据库还存储了各预警地点的地理位置信息，包括该地点的经度、纬度、名称和服务号码，它主要是用于GIS（地理信息系统）对预警数据的读取和地点定位。省气象局中心数据库通过专线连接到移动交换中心，由基站把预警短信息发射到预警终端，此专线可以直接利用原有的短信发布专线，实现通信资源共享。预警信息发布数据主要由各县市气象局短信数据库和中心数据库以及短信发布平台组成，各地气象局通过气象专用通信网络，连接在省局的数据库服务器，主要完成预警信息的生成和上传。省气象局中心数据库负责对各地上传的数据进行存储和预警信息的生成发布，中心数据库还存储了各预警地点的地理位置信息，包括该地点的经度、纬度、名称和服务号码，它主要是用于GIS（地理信息系统）对预警数据的读取和地点定位。省气象局中心数据库通过专线连接到移动交换中心，基站把预警短信息发射到预警终端，此专线可以直接利用原有的短信发布专线，实现通信资源共享。

（7）技术推广：通过试验、示范、培训、指导以及咨询服务等，将种植业、林业、畜牧业、渔业的科研成果和实用技术，以及良种繁育、施用肥料、病虫害防治、栽培和养殖技术，农副产品加工、保鲜、贮运技术，农业机械技术和农用航空技术，农田水利、土壤改良与水土保持技术，农村供水、农村能源利用和农业环境保护技术，农业气象技术以及农业经营管理技术等，普及应用于农业生产产前、产中、产后全部过程的活动。

2. 农产品质量安全类服务

（1）农产品质量安全追溯及推广服务：按照"生产过程有记录、记录信息可查询、流通去向可跟踪、主体责任可追究、问题产品能召回、质量安全有保障、评价可监督"的目标要求，应用二维码、RFID等信息技术采集传输农产品生产的各个节点信息，实现农产品全产业链质量管控，探索安全农产品溯源的途径，扩大农产品质量追溯系统的推广应用，实现全产品全追溯。

（2）生产管理服务：依托农产品质量追溯系统，根据企业自检、管理部门的监管抽检数据，参照受检频率、检测数量、合格率、设定的标准、消费者投诉、系统应用和公众评价等指标进行信息分析，自动生成对企业的信用等级评价信息，根据信用等级评价信息，对各企业进行排名，排名靠前的企业和产品会在平台首页上进行宣传。

（3）包装及销售管理服务：结合农产品质量追溯系统，对农产品的包装进行统一筹划，增加销售宣传亮点，以帮助农产品品牌建设塑造和形象提升。

（4）质量检测服务：结合农残速测仪的现代物联网设备和农产品质量追溯平

台数据对接入口，将企业的农产品质量自检结果和政府监管部门的巡检结果直接上传到农产品质量追溯平台。

（5）农业综合执法：执法监督管理手机端应用，将执法监督管理功能移植到统一的 APP 上面，极大地提高了执法便捷性，为执法人员随时随地的执法提供了方便。

3. 农业信息类服务

（1）农产品市场行情：提供农产品市场行情查询服务，以便农户及时知道当季农作物的市场价格；通过农业大数据分析，比对分析历年情况，对农产品价格做出前瞻性预测，为广大农户提供决策支持。

（2）农业政策法规：为广大农户提供农业领域最新政府补贴政策、国家法规、标准规程等信息服务。

（3）电话咨询：以 12316 为核心，建立呼叫中心，省级呼叫中心坐席数量 8 到 20 个；市级坐席数量 6 到 10 个；县乡（地方）级坐席 2 到 4 个。提供免费拨打 12316 服务功能，为广大农户普及农业知识、专家指导、法律法规等服务。

（4）短信推送：提供免费农业信息推送包月服务；向农户发送农业新闻、价格、病虫害防治、农业技术、政策法规、"三农"快讯、生活百科、致富案例等信息，为农户提供量身定制的信息服务。

（5）农村"三资"管理：为企业提供一套农资监管系统，主要包括农药、种子、化肥的出入库，库存领用情况，提供农业管理生产力，降低管理成本。

（6）惠农补贴查询：提供惠农补贴查询服务，使农民足不出户即可查询到补贴情况。

（7）村务公开：及时发布群众关心的热点问题，以及村里的重大问题。

（8）农业气象：实时发布天气情况，为农户提供准确有效的务农信息，以短信形式推送给每一位农户。

4. 农业其他服务

（1）农产品经营服务：提供农产品经营指导，如种植、采摘、病虫害防治、产品初加工、包装、营销以及渠道等服务，为农户提供技术支持以及营销指导。

（2）自然灾害信息交互发布服务：因灾损失情况服务包含农作物受灾、成灾面积、受灾人口、因灾缺粮人口和需要救济的人口；人畜伤亡、房屋、衣被、粮食、油等生活物资和水利设施的损失情况的信息交互发布。灾区群众的生活安排情况服务包括口粮、衣被、住房和疾病医疗以及其他因灾引起的生活问题的解决情况。三是开展自救的情况，包括采取的措施，收到的效果等。民众也可留言提供灾情信息及志愿者信息。灾后民房重建对象程序及救灾政策的执行情况服务，总结交流救灾工作经验等信息交互发布平台。

（3）义务教育慈善募捐：设置捐赠信息平台及在线捐款平台，支持在线咨询，通过平台可以有针对性地开展社会捐助活动，有利于灾区、农村贫困地区恢复生产，推动先进生产力的发展。为困境儿童申请救助和提供帮助，如申请低保、办理户口医保等。

（二）便民服务

1. 生活服务

（1）农业保险：建立保险公司、信息进村入户平台和农户或者农业企业三方合作机制，以平台为链接纽带，鼓励保险公司为农业主体农业生产过程中可能遭受自然灾害、意外事故、疫病或者疾病等事故所造成的财产损失承担赔偿保险金责任。

（2）新型农村合作医疗保险：通过线上和线下结合的方式，加大宣传新农合的报销内容、流程、金额，为村民新农合办理提供咨询帮助，尤其是实现线上与医院的对接，减少手续办理麻烦。

（3）商业保险：加大商业保险财产险、人寿险和健康险在农村地区的宣传和推广，尤其是保险的险种、保费和赔付条件的解释，保障村民在知情的条件下购买保险。可在益农信息社站点建立村民参保档案，帮助村民及时理赔和续保。

（4）票务预订及生产生活法规：将电子商务平台对接火车票、汽车票、飞机票、酒店等预订接口，村民可以自己使用手机预订，也可以通过线下益农信息社站点代为预订。提供新闻、价格、病虫害防治、农业技术、政策法规、"三农"快讯、生活百科、致富案例等信息，为农户提供量身定制的信息服务。

（5）医疗挂号：将线上平台和乡镇、县级、市级及省级各级医院的预约挂号实现对接，建立益农信息社和医院的线上衔接及益农信息社和村民的线下衔接，以益农信息社为纽带实现无缝对接，方便村民到各级医院线上咨询和线下就医。

（6）邮政快递收发：建立物流和快递收发站，为农产品"走出去"和工业品"走进来"建立平台，为农村、农业电子商务的搭建和运营奠定基础。

2. 金融服务

（1）贷款：通过农户、农企的农资、农产品、生活用品等交易，记录、分析消费信用，为农户、农企的贷款建立数据依据。同时，对接银行、投资公司等，为农户、农企的贷款提供通道，简化贷款手续。

（2）小额提现：依托益农信息社，设立自动存取机，方便村民小额提现和大额存款，并为老年村民设立专门的现金兑换服务。

3. 信息服务

（1）生活交费：通过线上平台和线下益农信息社，进行水费、电费、燃气、电话和网络通信费等费用缴纳，实现村民足不出户就能实现费用缴纳。

（2）旅游推介：通过线上介绍和线下展示，一方面，将地方农家乐、特色农业游等旅游信息向外界推送、宣传；另一方面，将周边游、省内外旅游信息推介给村民，方便村民出游。

（三）电子商务服务

1. 网上交易

进行农产品展示及搜索、产品搜索评论，通过系统可进行农产品的线上销售及物流配送；进行农资生产资料展示及搜索评价，依托平台可进行线上交易以及物流配送，实现产品上行下行通道的打通，促进农民增收。

2. 品牌宣传塑造

通过线上商城产品的详情页中的内容介绍，可以查找到产品的品牌及追溯码，进而对品牌和产品进行溯源，了解产品从种植、生产到加工、运输的整个过程。该系统能提供品牌策划、通过对农产品进行品牌设计、包装设计、广告策划等服务，提升农产品附加值，平台可以将产品通过多种社交平台进行推广，在消费者之间传播，形成口碑，提高产品的经济效益。

3. 可溯源服务

电商平台要实现与追溯平台的无缝对接，通过电商平台可实现农产品生长履历各个关键节点的信息查看，展示农作物视频信息，生长环境因子信息，加工、存储、销售、流通信息等，具备点赞评论功能。

4. 组织开展农产品上行服务

通过益农信息社组织当地农产品上行销售，帮助农民开拓城市市场，打造河南农产品品牌，以品牌带动销售，增加农民收入。

（四）培训体验服务

主要包括：农业新技术、新品种、新产品培训，信息技术和产品体验服务等。各地要因地制宜，按需开展类型多样的培训体验服务。由农业部门配合运营商采取"上门培训＋集中培训＋网络培训"的方式，对信息员开展培训。按照农业部《信息进村入户工作规范》（农办市〔2016〕29号）要求，每年要对信息员开展知识更新培训、专题培训、实操培训。

二、六大业务

（1）买：村级信息服务站依托授权的电商平台为本地村民、种养大户等主体代购农业生产资料和生活用品等物资，如种子、农药、化肥、农机、农具、家电、衣物等。

（2）卖：培训和帮助村民或种养大户等主体在电商平台上销售当地的大宗农产品、土特产、手工艺品等，出售休闲农业旅游预订服务，发布各类供应消息，解决当地农民渠道窄、销售难的问题。

（3）推：

公共服务：利用12316、信息服务站、电商平台等，为农户、种养大户等经营主体进行科技培训或承接农业、科技等部门委托，向农户提供农业科技知识咨询和技术培训；推广农业新技术、新产品的运用。

信息咨询服务：为村民提供政策法规、法律、教育、用工、医疗保健等方面的信息咨询服务，帮助村民和大户解决生产经营中的产前、产中、产后等技术问题及信息问题，促进农业、农村、农民与大市场的有效对接。

（4）缴：为村民代缴话费、水电费、电视费、保险等交费项目，使村民不出村、大户不出户即可办理相关业务事项。

（5）代：为村民提供各项代理业务，代理各种产品销售、彩票、婚庆、租车、旅游、飞机订票等商业服务和其他部门、单位的中介业务等。

（6）取：村级信息服务站作为村级物流配送集散地，可代理各家物流配送站的包裹、信件等收取业务和金融部门的小额取款等业务，方便村民的生活。

第三节　益农信息社建设要求

一、建设原则

（一）政策引导，市场运作

发挥党委、政府的主导作用，做好统筹，落实好政策资金支持。鼓励公益服务和有偿服务相结合，支持通信部门发挥优势、共同参与、公平竞争，建立农村信息化建设和运营的长效机制。

（二）整合资源、综合利用

加强信息、网络资源的有效整合利用，推动网络互通，资源共享。着力抓好乡村便民服务中心、文化书屋、基层农技推广中心和通信服务站点等设施和人才资源的整合，推进乡村信息服务站建设，为农民提供一站式的综合信息服务。

（三）因地制宜，逐步推进

结合实际，科学规划，合理布点，通过试点示范，以点带面，逐步推进。要积极探索、大胆创新，不断丰富建设内容，切实发挥实效。

（四）服务农民，注重实效

坚持以服务"三农"为宗旨，积极发展适农、惠农、助农信息产品，多形式、多渠道为农民提供有效的综合信息服务，提高信息技术在农村生产、生活的应用水平，使农村信息化建设成果惠及广大农民。

二、建设标准

村级益农信息社的建设要严格按照有场所、有人员、有设备、有宽带、有网页、有可持续运营能力的"六有"标准。

（1）有场所：有专门用于信息服务的场地，建筑设施安全完备、确保稳定供电，使用面积不少于 20 平方米。

（2）有人员：每个村级益农信息社至少配备 1 名专业的村级信息员。

（3）有设备：标准站至少配备 1 台计算机、1 部 12316 专用电话、1 套视频设备。专业站至少配备 1 台计算机、1 部 12316 专用电话、1 套物联网设备和 1 套农产品质量安全追溯设备，简易站至少配备 1 台计算机和 1 部 12316 专用电话（或手机）。有条件的益农信息社可自行配备多台基本设备和其他信息服务设备。

（4）有宽带：具有不低于 50M 的接入速率，提供免费 Wi-Fi 环境，可供无线终端设备上网浏览信息、即时通信、下载更新软件等。

（5）有网页：益农信息社本村专属网页要在国家信息进村入户公益平台、河南省省级信息进村入户综合信息服务平台登记注册，并定期更新维护。

（6）有可持续的运营能力：与服务商、运营商合作开展增值业务服务，争取政府部门以及村集体支持，培植村级益农信息社在原有的业务经营上增加新的盈利能力，保障可持续运营。

三、建设类型

围绕统筹规划、试点先行，需求导向、社会共建，政府扶持、市场运作，立足现有、完善发展的建设原则，在建设模式上采"五统一"的标准建设模式，即统一 VI 设计，统一门头装饰，统一制度上墙，统一配置设备，统一培训上岗。

图 2-3 为益农信息社统一形象墙。

图 2-3　益农信息社统一形象墙

根据益农信息社建站基础的规模和功能，站点类型分为"标准站""专业站""简易站"。每个行政村建成 1 个村级信息站（益农信息社），其中标准型占 20%，专业型占 50%，简易型占 30%。具体比例由各县根据当地情况，适当进行调整。

（一）标准站

实现功能：依托乡镇所在地的行政村和人口相对集中的行政村建设，可选建在交通便利、农户密集、人员流量大的地区，优先选择村委会、农村党员干部现代远程教育终端站点、农技推广机构、农村综合信息服务中心等基础设施较为完善的场所进行信息化改造，向区域内的农民提供"一站式"服务，提供农业公益服务、便民服务、电商物流服务以及培训体验等服务，实现"买、卖、推、缴、代、取"六项业务的功能。

（二）专业站

实现功能：依托新型农业经营主体建立，围绕农业生产、经营活动提供专业服务，如：新型农业经营主体信息直报、农业物联网、农产品质量安全追溯等农业信息化服务和农产品电子商务，并根据实际需求提供公益、便民、培训等服务。

（三）简易站

实现功能：简易站主要针对人口相对较少和偏远地区的村庄，优先选择商务、邮政、供销、移动、电信、联通、农行等单位在农村建立并运营服务良好的电子商务网点或者业务代办网点，以及农资店、兽药饲料门市、便民超市等经营状况良好的农村商业网点，提供便民缴费和农业生产资料、生活消费品代买和电子商务等服务。

第四节　运营监督

一、启动模式

益农信息社的开展和运营，是系统性的工程，遵循商业规则，以益农信息社盈利生存和持续发展为出发点和归宿点，结合服务内容，梯次推进。

借助益农信息社分布点多、覆盖面广、离农业主体近的优势，接入品牌厂商的高效、低度、低残留农药和生物、有机、生态化肥等产品的广告宣传业务和代销业务，以品质产品和渠道价格为竞争优势，益农信息社收取相应的广告费用，并根据代销量获得相应佣金，为益农信息社带来营收业务的同时，也强化自身的宣传和品牌形象。

通过宣传和推广优质低价的农资产品，益农信息社获得农民、农场主和农业企业的连接和认可，同时，益农信息社的信息员以当地人员为主，了解熟悉当代特色农产品和手工艺品的质量和口碑，挑选一二，通过益农信息社的电商平台、订单农业系统的销售渠道，帮助生产主体在不增加固定成本的基础上增加销量，益农信息社从中收取合理佣金，进一步增加益农信息社的营收，同时强化益农信息社的服务能力。

第一阶段，通过提供买入、卖出服务，益农信息社获得自我造血能力、生存能力，为长期发展奠定坚实的基础。

第二阶段，益农信息社通过不断导入增值业务，强化服务能力，持续循环发展前进。

二、运营管理

（一）一站式运营模式

每个益农信息社都是一站式综合服务中心，为各服务运营商、电子商务企业、供货厂商提供渠道建设、信息共享、业务停靠、站点管理、人员培训、营业调度、应急处理、资源协调优化等服务，协调各单位的人流、物流、信息流、现金流。

（二）生态体系模式

以益农信息社为中心构建的农村生态服务发展体系模式，辐射各参与角色。

"互联网＋政府"：益农信息社是农业部信息进村入户工程，旨在服务"三农"，整合当地所有政府职能部门、机关部门，将信息及业务全部搬到互联网上，实行网上办公，形成电子政务，既缩短了烦琐的业务处理链条，又让村民切身体会到了便捷的服务。

"互联网＋区域站"：依托当地农技推广站、动物检疫站、便民服务大厅等，为当地村民提供技术指导、专家咨询，解决农民种植、养殖、水产等方面产前、产中、产后等问题。

"互联网＋龙头企业"：对接当地龙头企业或引进外地企业，解决粮食收购、农产品外销等问题，不仅可以增加企业收入，促进企业转型，还可以促进当地种养殖户积极性，促进作物增产、增收，解决农民后顾之忧。

"互联网＋新型经营主体"：由于土地流转，合作社、新经营主体不断增加，在"互联网＋"体系中，可以帮助合作社、新经营主体进行项目申报、品牌塑造、销售渠道开辟，通过独特包装设计、创新营销，打破传统行规，创造新一轮销售高峰。

、"互联网＋益农信息社"：益农信息社主要是作为政策下乡、信息惠农、"互联网＋"体系落地的一个载体，可以帮助政府推送各种政策惠农信息，为村民提供公益、便民、电商体验、培训体验四大服务。

设备科技化：益农信息社所配备的都是先进的设备，像视频播放机，可以用来发布最新的农业信息；网络一体机，老百姓通过体验机可以随时上网体验网购的乐趣，也可以学习怎样网购；POS机，改变传统的收费模式，通过刷银行卡实现交易支付功能；益农手机，手机专门安装相关农业 APP 客户端，方便老百姓的生活等。

管理智能化：根据各县（区）实际运营情况，可设置一个县（区）级益农信息社运营中心，主要是用来管理其所管辖的各村益农信息社，为村级信息服务站提供服务、培训、指导、物流、分销、展示等业务功能。

办公信息化：益农信息社所开展的业务基本上实现以计算机为主的智能化工具来实现，使得益农信息社具备信息获取、信息传递、信息处理、信息再生、信息利用的功能。

人员专业化：益农信息社的信息员上岗前都通过严格的培训，通过培训村级站平台的操作与运用、益农信息社的运营与管理、农村电商知识等相关培训，成为新型农村电商人才。

（三）益农信息社运营四步法

（1）抓重点：益农信息社业务种类多样，涉及公益类、便民类、培训体验类、电商类，信息员根据运营单位对接的服务与资源，结合自身业务优势，可以侧重开展益农信息社业务，把适合自身优势的业务做透、做精，把握好重点，是益农信息社业务有效开展的重要途径。

（2）走特色：迎合大众创业、万众创新的趋势，抓住业务重点，着重发展，并结合自身优势，打造亮点，吸引人群，搞好增值服务。例如鹤壁浚县大学生回家创业、三门峡陕县特色农产品网店等。

（3）重宣传：益农信息社以服务本村村民为主，可辐射周围村庄，为让广大老百姓熟悉益农信息社，到益农信息社办理业务，离不开对益农信息社的有效宣传，信息员应积极营造良好的宣传氛围。在河南省农业厅的组织下，拍摄了数部益农信息社专题系列微电影，信息员也可以利用村委会广播、宣传彩页、制作广告墙等手段广泛宣传，运用益农信息社的便民、惠民资源带动人气，最终使得人人了解益农信息社，享受过益农信息社的服务。

（4）配活动：在益农信息社运营、宣传过程中，应有配套的线下便民、惠民、育民活动，根据不同时期的村民需求，针对农资店可以开展买就送活动以及积分活动，超市亦是如此。除此之外，农民对农业知识也有特殊需求，信息员有条件的可适当开展培训服务，也可在运营商的帮扶下开展一系列的益农信息社配套活动，以达到益农信息社聚人气的效果。

（四）益农信息社带头人必备条件

（1）认可益农信息社的建设理念。

（2）拥有崇高的服务意识。

（3）拥有吃苦耐劳的精神。

（4）积极向上的进取态度。

（5）有威望讲诚信。

（6）能够熟练操作电脑及智能手机。

（五）如何做好益农信息社带头人

（1）树立益农信息社在农民心中的形象，起到益农信息社代言人的作用。

（2）建立益农信息社与农民间的信任，使益农信息社迅速发展壮大。

（3）对所辖区域益农信息社信息员进行培训与管理。

（4）发挥自身业务优势。

（5）掌握本乡镇或者本区域所有益农信息社基本情况。

（6）适当发展物流业务。

（7）了解本辖区内村民的基本资料、购物需求以及购物习惯。

（8）努力成为农村电商人才。

（9）拥有丰富的创业时间、精力、金钱，并积极探索。

三、服务监督

（一）内外双监督模式

内部建立自主监督检查机制，从益农信息社的选点、建设、人员配备、运营等全过程，建立内部自查监督制度，定期进行核查、盘点，建立主要人员离任审计制度和项目审计制度。

外部遵循社会化监督，建立向主要监督管理部门的汇报机制，定期汇报工作计划和进度，避免方向性偏差。并建立和完善政府、企业、合作伙伴的多向沟通机制，形成显性合作文化，为信息进村入户的持续运营提供组织保障。

（二）益农信息社的监督与检查

益农信息社运营机构会同相关部门按职责分工对村级信息服务站进行监督，要定期对服务站进行检查和考核，鼓励利用网络平台开展监督。对发现的问题及时整改，对优秀的服务站进行经验总结推广并给予奖励，对不合格的服务站予以淘汰。鼓励各地采用以奖代补等方式，充分调动各地区服务站的工作积极性。

（三）益农信息社信息员的考核与奖励

益农信息社运营商会同相关部门按职责分工开展信息员培训、考核和日常管理工作。要对信息员进行定期培训和考核，对信息服务工作成绩突出的信息员，给予通报表扬，有条件的给予适当奖励或者补助。

第五节　益农信息社运营案例介绍

一、标准站

（一）博爱县清化镇十街益农信息社

（1）益农信息社名称：博爱县清化镇十街益农信息社。

（2）益农信息社类型：标准型。

（3）益农信息社介绍如下：

2015年9月，依托清化镇十街便民服务大厅建立了益农信息社标准站点。现有经营场所40平方米，配有12316专家热线电话、47英寸网络终端播放机、互联网远程视频监控等硬件设施齐全，制度完善的配套服务体系。

益农信息社组建两年多来，强大的信息功能实现了清化镇十街农业需求信息的查询及各项便民服务和农业产前、产中、产后技术服务，网上专家咨询、12316专家技术咨询、气象免费信息服务、化肥农药的使用服务。如：依托益农信息社，为农民提供农业公益服务、便民服务、电子商务、农业生产、农村生活等服务。

公益服务：利用 12316 服务热线、短彩信等渠道精准推送农业生产经营、技术、政策法规、村务、就业等公益服务信息及现场咨询，协助开展农技推广、动植物疫病防治、农产品质量安全监管、土地流转、农业综合执法等业务。

便民服务：开展代收、代缴水电费，收发快递及金融，保险，票务，医疗挂号，惠农补贴查询，法律咨询等服务。

电子商务：开展农产品、农资及生活用品电子商务，提供农村物流代办等服务（如图 2-4 所示）。

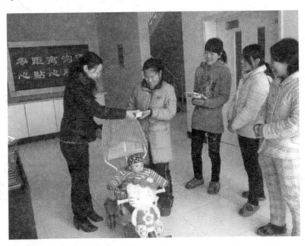

图 2-4　村民通过益农信息社购买日用品

（二）新野县淯湍小麦益农信息社

（1）益农信息社名称：新野县淯湍小麦益农信息社（见图 2-5、图 2-6）。

（2）益农信息社类型：标准型。

（3）益农信息社介绍如下：

合作社现有入社社员 110 多户，带动农户种植蔬菜及进行小麦种子繁育，并通过益农信息社进行农资的统一购进、种植技术指导、服务及农产品统一销售，截至目前服务面积 4000 余亩，带动种植结构调整 1000 余亩，每年带动留守人员就业 800 余次。为带领农户进行结构调整做出了积极贡献。

为了确保益农信息社正常运行，能够精准了解农民生产生活方面的信息需求，信息员积极调查本村农户对消费、销售、信息等方面的需求，并根据调查情况，分门别类建好调查档案。合作社刚起步，信息员积极在村里进行宣传，发展社员，同时与其他益农信息社站点交流分享种植、销售、运营等经验，增加了创业信心。帮助村民通过益农信息社平台和其他电商平台销售农产品。还积极为农民和社员提供信息服务、培训服务、销售服务、包装设计、项目申报等多项服务，成功摸索出一条适合本村发展的电商致富之路。

图 2-5　新野县滧湍小麦益农信息社（一）

图 2-6　新野县滧湍小麦益农信息社（二）

加盟益农信息社以来，除带动社员发家致富之外，还积极通过开展益农信息社公益服务、便民服务为该村村民提供便利。免费为村民提供网上专家解答农业政策问题和小麦、蔬菜技术问题，还借助 12316 服务热线服务村民解答问题，并且建有微信群、QQ 群及时帮助社员和村民解决问题。积极帮助村民代缴话费、代买火车票等，真正实现了益农信息社为村民提供便民、惠民、利民服务的宗旨。

通过近两年的运行，信息员收入也达到了当地中等收入水平以上。并且该益农信息社对本村农业产业发展、农民增收脱贫、农村创业创新、农村社会治理起到明显的推动作用。

二、专业站

（一）博爱县孝敬镇坞庄益农信息社专业站

（1）益农信息社名称：博爱县孝敬镇坞庄益农信息社专业站。

（2）益农信息社类型：专业型。

（3）益农信息社介绍如下：

博爱县孝敬镇坞庄益农信息社专业站成立于 2014 年，该专业站有 35 平方米营业服务场所，配备有 12316 专家热线电话、投影设备及 384cm×192cm 的 LED 全彩屏、远程视频监控与互联网直播系统等硬件设施齐全，制度完善，粮食加工营销网店及物联网系统等配套服务体系健全。

益农信息社组建三年多来，开展了气象免费信息、化肥农药使用指导、农资及生活用品网购、农作物生长远程视频、物流与快递收发、手机缴费、电费缴纳等服务，为种植大户、农民合作社、农民等提供专题技术培训 25 场次，受益 1200 余人，12316 专家技术咨询 300 余次。

基于益农信息社示范、推广先进的农业物联网技术，提高了农作物种植、畜牧养殖管理水平，提升了农产品的产量和品质，更通过农产品质量安全追溯云建立了品牌识别，为农产品品牌塑造奠定了基础。

益农信息社通过一系列的公益服务、便民服务、电子商务服务和培训体验服务，在群众心目中的地位日渐提高，与周边农户的关系更加密切，社会效益显著。

现在，坞庄村民可以实现部分订单农业进行生产，不仅提高了生产效益，更降低了销售风险，已在农民之间传播推广。

（二）永城市天成农业生态园专业站

（1）益农信息社名称：永城市天成农业生态园专业站。

（2）益农信息社类型：专业型。

（3）益农信息社介绍如下：

永城市天成农业生态园专业站，依托永城市天成农业生态园于 2016 年 12 月建设完成，该专业站占地面积 50 平方米，配备专业信息员 3 名，另增配了软硬件设施设备，包括统一门头设计、互动显示系统、POS 机、热线电话、展柜、农技宝手机、益农信息社服务内容及制度规章、电子商务平台、智慧乡村平台等，为实现公益服务、便民服务、电子商务服务、培训体验服务奠定了良好的基础。

该站点的运营以农业新技术示范为切入点，提高站点的知名度，逐步扩大站点的服务内容。在农业技术应用方面已带动周边 12 家农户推广使用，完成了 10 次农业技术培训（如图 2-7 所示），扩大站点服务内容宣传，实现涉农电子商务服务 3000 次，全面提供益农信息社公益服务、便民服务、电子商务服务、培训体验服务，提供"买、卖、推、交、代、取"业务，服务累计达到 6000 人次，服务交易额度 300 万元。

图 2-7　农业专家现场指导

农产品质量追溯应用推广。天成农业生态园是集种植、养殖、观光为一体的现代都市休闲农业，枇杷、桃、木瓜、杏等水果种植，青椒、萝卜、芹菜等蔬菜种植，以及猪、鸭等畜禽养殖均应用农产品质量安全追溯云，通过及时记录责任人、投入品、农事活动、农残检测、包装等全过程信息，为农产品质量安全提供了强大支撑，增加了天成农业生态园农产品采摘、销售的宣传亮点，在周边地区农业生态园、农产品生产、销售企业中形成了带动作用，截至 2017 年 11 月，天成农业生态园内已经有 15 种农产品应用了农产品质量追溯系统，并带动周边 12 家农企、18 种农产品应用。

农业物联网技术应用示范。通过天成农业生态园温室大棚自动卷帘机、智能水肥一体化系统、远程农情信息采集和监控系统等应用，提高农事活动效率、降低农产品投入成本，增加农事活动的科技含量及可观光性，在周边形成了农业物联网技术的观摩和效仿热潮。

天成农业生态园服务站在休闲农业的优势资源基础上，在站点内提供产品线上购买、线下发货的方式，打破了产品的销售区域限制，降低销售成本的同时，方便了客户购买。

通过农产品质量追溯、农业物联网技术、电商的应用，引起了周边农户、农场主、农业企业等农业主体的广泛关注，纷纷表示希望能参与应用，天成农业生态园服务站在了解各农业主体的详细需求的基础上，定期召开农业技术培训会，并将培训会内容上传智慧乡村服务平台，方便学习。

买：天成农业生态园服务站以农业技术为主要服务点，服务延伸，主要根据农业主体对投入品、生产资料的需求，对接货真价实、性价比高的种子、农药、化肥、农机、农具等涉农产品，通过在线交易，方便农业主体购买并降低成本。截至目前，实现站点周边 120 余家农企、农户通过在线购买涉农物资。

卖：结合产品的特点，在源直达电商平台进行推广和销售，拓阔农产品销售的渠道，降低宣传成本。目前已有水果、蔬菜、手工艺品等 30 余种农产品在线销售，累计销售额达 80 万元。

推：利用 12316、信息服务站、源直达电商平台等，向农民精准推送农业生产经营、政策法规、村务公开、惠农补贴查询、法律咨询、就业等公益服务信息及现场咨询；协助政府部门开展农技推广、动植物疫病防治、农产品质量安全监管、土地流转、农业综合执法等业务。向农民提供农业新技术、新品种、新产品培训，提供信息技术和产品体验。帮助农民解决生产中的产前、产中、产后等技术和销售问题，促进农业、农村、农民与大市场的有效对接。

缴：天成农业生态园服务站在站内建立电费、电话费、宽带费代缴站点，方便周边居民就近或线上缴纳费用，计划 2018 年实现在线缴纳保费服务。

代：天成农业生态园服务站以提供农产品代销服务为主要目标。

取：根据代买代卖服务，天成农业生态园服务站为周边农民、农企提供物流快递代收代发服务。目前，这是天成农业生态园服务站仅有的收费业务，其他均为公益或免费推广期。

下一步，天成农业生态园服务站将进一步提高农业技术服务和农产品代销服务，从根本上让农民、农企节本增效，进而提供更加全面的"三农"服务。

三、简易站

（一）博爱县孝敬镇西内都村益农信息社

（1）益农信息社名称：博爱县孝敬镇西内都村益农信息社。

（2）益农信息社类型：简易型。

（3）益农信息社介绍如下：

博爱县孝敬镇西内都村益农信息社位于焦作市博爱县城最南端，焦作市现代农业示范园区的东部，南依沁河，交通便利，全村共有 880 人，1220 亩耕地。

全村主导产业为无公害蔬菜及食用菌生产，年产新鲜蔬菜 3 万吨，2016 年成立了博爱县西内都村益农信息社，为本村村民提供服务。

公益服务，为农民排忧解难。通过信息服务平台为群众查询政策法规、进行农业新技术推广等 60 余次；通过 12316 服务热线，为群众解决生产技术难题，全年累计为群众解决技术难题 40 余次（如图 2-8、图 2-9 所示）。为村民建立微信群（"团结友爱村民群"），方便群众沟通交流。

便民服务，方便农民生活。信息服务站通过网络共为群众代缴电费 12 万余元、话费 2 万余元；为群众代买农药、化肥等农资产品 26 万元。在业务拓展后，为村民提供宽带办理业务 200 笔，共计 6 万元。为更加便捷地方便群众，信息员又积极加入京东、淘宝、源直达等平台向村民提供更加便捷的网络服务，为村民代购商品 2 万元，在得知信息员这里可以代购物美价廉的商品后，很多村民家里大到空调、洗衣机，小到肥皂、洗衣粉等都是在这里代购的，村民都称西内都村益农信息社为村里的"百宝箱"（如图 2-10、图 2-11 所示）。

图 2-8　帮助村民拨打 12316（一）

图 2-9　帮助村民拨打 12316（二）

图 2-10　帮村民收取快递

图 2-11　帮村民代缴话费

惠民服务，拓宽农民增收渠道。通过网络发布蔬菜等销售信息，帮助村民销售蔬菜 1.5 万公斤，销售额达 16 万元。

培训服务，增加农民生产技能。依托益农信息社，开展各种培训 3 次，培训群众 180 余人。带动了广大群众的参与热情，先后有 200 余人次群众参与咨询、体验活动，极大地提高了农民群众的信息化应用水平。

通过两年的持续运营，信息员不仅服务了群众也增加了自身的收入，在蔬菜种植收入的基础上每月增加 1500 元左右。在增加自身收入的同时信息员也不忘带动周边群众增收致富，带动本村 3 户贫困户实现脱贫增收 1 万元；带动 3 户农民自主创业增收 2.5 万元。

（二）永城市集美生态园益农信息社

（1）益农信息社名称：永城市集美生态园益农信息社。

（2）益农信息社类型：简易型。

（3）益农信息社介绍如下：

永城市集美生态园益农信息社坐落于永城市侯岭乡还金湖景区东，2016 年 9 月该村益农信息社正式投入运营，通过"买、卖、推、缴、代、取"六项业务，为该村及周边农民提供 12316 免费专家热线拨打、农业技术和惠农相关政策服务，农业知识和手机技能培训，为农户提供缴费充值、代理保险、车票预订、小额取款、快递收发、医院预约挂号、婚庆租车等 20 项业务。通过益农信息社的电商平台，为农户提供代买农资、电器、生活用品等产品，还能帮该村的农户对外发布小麦、花生等农产品销售信息。

刚开始运营时，由于乡亲们不知道益农信息社是干什么的，因此店里十分冷清，经营量很小。在此情况下，当地农业局和益农信息社运营中心的工作人员经常到店里，询问该村益农信息社的经营情况，帮助解决一些困难和问题。同时，通过广播、电视、条幅、墙体广告、线上线下活动等形式，对益农信息社进行宣传，并在店里开展网上购物节、有奖购物等活动，制作"益农信息社里的那点事"系列电视短剧在店里循环播放等。通过宣传，村民对益农信息社有了一定的了解，空闲时就经常到店里坐坐，需要什么时，就到店里购买，慢慢地，该村益农信息社的人气上去了，人流量也多了，业务开展得也顺了。

除此之外，该村益农信息社为种粮大户、农民合作社和家庭农场主等新型农业经营主体提供"菜单式"的半托管服务，既有效地解决了农民单家独户种田成本高、收益低等问题，保证了农产品质量安全，又很好地解决了打工顾不上种地，种地又耽误挣钱的现实矛盾。发挥益农联盟的合作优势，整合辉煌农机、雪岭面业等合作服务组织，采取多样化托管模式，组建农业技术服务队、农业机械作业队，今年第一年托管整合社会农机具 50 余台（套），新增土地 1 万亩，通过开展测土配方施肥新技术，化肥使用量降低 20%，粮食亩均增收达到 150 元。